传统型城市公共空间规划方法研究

李健　尹化民　蔺彬　杨灵　著

中国建筑工业出版社

图书在版编目（CIP）数据

传统型城市公共空间规划方法研究 / 李健等著 . --
北京 : 中国建筑工业出版社 , 2023.7（2024.11重印）
ISBN 978-7-112-28902-8

Ⅰ . ①传… Ⅱ . ①李… Ⅲ . ①城市空间—空间规划—
建筑设计—中国 Ⅳ . ① TU984.2

中国国家版本馆 CIP 数据核字（2023）第 123165 号

责任编辑：徐仲莉 张玮
责任校对：王烨

传统型城市公共空间规划方法研究
李健 尹化民 蔺彬 杨灵 著
*
中国建筑工业出版社出版、发行（北京海淀三里河路9号）
各地新华书店、建筑书店经销
北京光大印艺文化发展有限公司制版
建工社（河北）印刷有限公司印刷
*
开本：787毫米 × 1092毫米 1/16 印张：15½ 字数：276千字
2023年7月第一版 2024年11月第二次印刷
定价：68.00元
ISBN 978-7-112-28902-8
（41220）

目 录

导言
——研究背景与研究方法

1.1 研究背景

1.1.1 传统城市公共空间研究的必要性

伴随我国快速城市化的过程中，城市发展的规模、聚居的人口数量也与日俱增。在这个飞速发展的时代，城市范围的扩张、新区的开拓、新城的发展，使得我们对城市环境、城市空间提出新的要求。城市公共空间作为城市社会文化与公共生活的重要载体，是城市居民现实生活方式和城市文化的综合体现，展现了城市风貌，延续了城市底蕴，塑造了城市地标，是城市文化内涵的外在展现空间。

传统城市当代公共生活应该是一种怎样的状态？公共活动需要怎样的公共空间支持？这些问题主要体现在新公共空间中公共活动的缺失，新的城市广场和街道并没有按计划方式使用或者存在行人稀少、空间空旷浪费的情况。传统城市中新的公共空间的受欢迎程度和使用率相对既有传统城市公共空间偏低，新的公共生活对于城市公共空间提出新的需求。本书以传统城市泉州作为案例开展研究。泉州具有悠久的历史，可以追溯到史前，历史上泉州作为“东方第一大港”，对外交流频繁，泉州当地文化受到外来文化影响较深；对外来文化的接受和融合，在宗教上体现得最为明显，譬如泉州现存中国最古老的清真寺——清净寺。泉州的公共空间展现的文化是多元交融的，更能塑造风格独特且不失传统的公共空间形式，但目前在城市更新和城市扩张背景下，也存在传统院落消失、传统街巷消失及大型树木形成的公共空间的消失等其他传统城市公共空间面临的共性问题（图 1.1-1）。因此以泉州为案例开展公共空间的剖析与应对研究，能为国内传统城市公共空间的改造、提升及建设提供方法和策略。

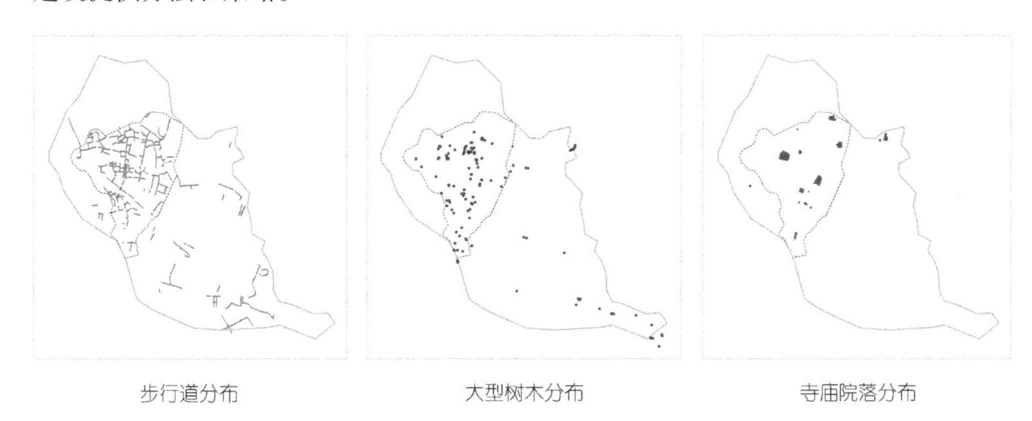

图1.1-1 步行道、大型树木、寺庙院落在老城和现代城区的对比（作者自绘）

1.1.2 全球化对传统城市公共空间的影响

1. 西方工业化带动城市发展提供了先例

历史上的工业革命促进了农村人口向城市聚集，工业化极大地推动了城市化进程。工业化促使城市吸纳更多的剩余劳动力，原来分散的人口被集中到城市，更多的人口对城市提出与之相适应的能源、居住、交通等方面的需求，城市规模日益扩大，其提供的服务设施也相应得到完善。西方工业化的进程几乎就是城市化的进程。我国的城市化进程与西方颇为相似，只是周期更短，大部分城市的扩张及更新在近二三十年内完成。

2. 西方规划思想的全球化影响

全球化浪潮下，各种城市规划思想传播更广、更快，其传播途径也更加多元，使得各个城市公共空间形态差异性逐步缩减。

1.1.3 提高人居竞争力的客观需求

城市宜居性成为一个城市高品质生活的评价准则。城市中居民生活舒适度、交通便利性、安全性等都是城市宜居的重要体现，公共空间作为居民室外活动的场所，其品质的高低在很大程度上体现和展示了城市的宜居水平。一个舒适、安全、吸引人们更多室外活动的公共空间，处处展现居民快乐、健康、向上的生活方式和生活状态，真正实现了公共空间作为城市起居室的作用。同时城市的人性化程度也体现了城市对于人的细节关怀。

拥有良好的城市环境，无疑是一个城市展示良好形象和吸引人们在城市生活的重要前提，有利于经济和社会的可持续发展，因此提高城市人居竞争力对于城市的发展至关重要。

1.2 研究目的

1.2.1 构建适宜传统城市的空间理论系统

国外公共空间的概念和内涵于20世纪90年代被逐渐引入国内。其理论体系是在欧洲一脉相承的城市空间模式下构建的，诸多分类方式、概念内涵与中国的传统模式发生碰撞，尤其无法涵盖中国现代与传统城市面貌并存的历史文化名城。因此，针对传统城市历史与现代并存、对未来城市公共空间充满迷茫和无措的窘境而言，一套适宜于当代中国传统城市的公共空间理论显得尤其重要。

1.2.2 梳理传统城市公共空间脉络

泉州作为国家级历史文化名城，其古城面貌保存完好，其城市意象、空间特征、空间类型和空间尺度都表现出极佳的景观效果和舒适性。泉州古城既有的传统城市公共空间是鲜明而典型的借鉴实例。本书将在充分、准确把握泉州古城公共空间特征的基础上开展研究，希冀以泉州古城作为蓝本，能够实现针对泉州地域特色的城市公共空间设计要素的萃取，并对其他传统城市推而广之。

1.2.3 总结问题与提出措施

传统城市公共空间，作为现代文化与传统文化碰撞的产物，存在诸多的现实问题。特别是城市新区，在现代工程技术的支持下，突飞猛进地进行扩张和蔓延，却忽略了对自然的尊重、对传统的延续和对人性的关怀。泉州城市意象在现今的新城区中日渐模糊，传统城区原有的舒适与宁静的宜人氛围、延续至今的宗教文化等人文气息也被新区高楼林立的陌生感所阻隔。面对这样的问题，本书的一个重要目的便是在研究过程中寻求其解决之道，为传统城市的今天和未来提供一个客观解决问题的措施目录与参照。

1.2.4 形成传统城市公共空间规划管理实施方法

用于指导公共空间规划和建设的成果以规划导则的形式体现，在规划管理和城市设计两个层面体现落实本书研究的方法与成果。

1.3 研究方法

1.3.1 研究过程

在整个研究过程中，本书以调研的现状资料作为理论研究基础，同时结合现有国际化和中国传统城市公共空间理论进行对比分析。力图综合现有多方面的研究成果，针对传统城市在多个层次、多个角度提出对于公共空间的相关理论要点，最终运用研究结论转化为城市规划设计管理方法，用以指导传统城市公共空间的规划设计和管理。

（1）理论层面：相关国内外著作研究对比。

（2）实践层面：传统城市公共空间调研。

（3）结合泉州分析。

（4）理论体系确定。

1.3.2 理论对比研究

本书就公共空间和泉州公共空间等相关领域搜集整理了大量的参考书籍和文献，经过整理和归纳，部分作为本书的相关理论基础和依据，针对泉州特点进行要点的筛选、补充和归纳。

1.3.3 现场调研

调研包括踩点式全面调研、调研表格设计（图 1.3–1、图 1.3–2）和现场空间分析三部分。

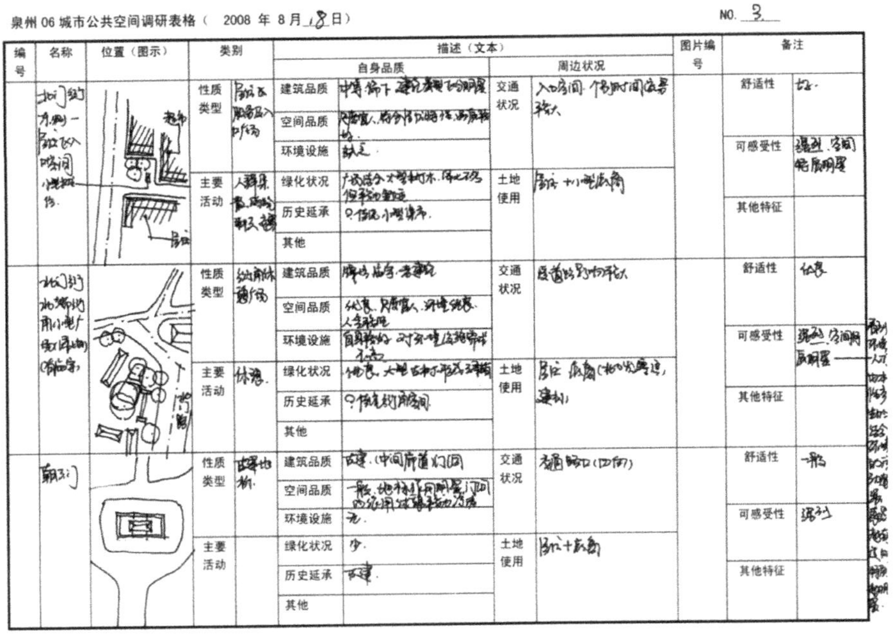

泉州 06 城市公共空间调研表格（ 2008 年 8 月 18 日） NO. 3

编号	名称	位置（图示）	类别		描述（文本）				图片编号	备注	
					自身品质		周边状况				
	[illegible]	[illegible]	性质类型	[illegible]	建筑品质	[illegible]	交通状况	[illegible]		舒适性	好.
					空间品质	[illegible]					
					环境设施	缺乏.				可感受性	[illegible]
			主要活动	[illegible]	绿化状况	[illegible]	土地使用	[illegible]			
					历史延承	[illegible]				其他特征	
					其他						
	[illegible]	[illegible]	性质类型	[illegible]	建筑品质	[illegible]	交通状况	[illegible]		舒适性	[illegible]
					空间品质	[illegible]					
					环境设施	[illegible]				可感受性	[illegible]
			主要活动	休憩.	绿化状况	[illegible]	土地使用	[illegible]			
					历史延承	[illegible]				其他特征	
					其他						
	朝天门	[illegible]	性质类型	[illegible]	建筑品质	[illegible]	交通状况	[illegible]		舒适性	一般
					空间品质	[illegible]					
					环境设施	无.				可感受性	[illegible]
			主要活动		绿化状况	少.	土地使用	[illegible]			
					历史延承	古建.				其他特征	
					其他						

图1.3-1 泉州公共空间调研表格（一）

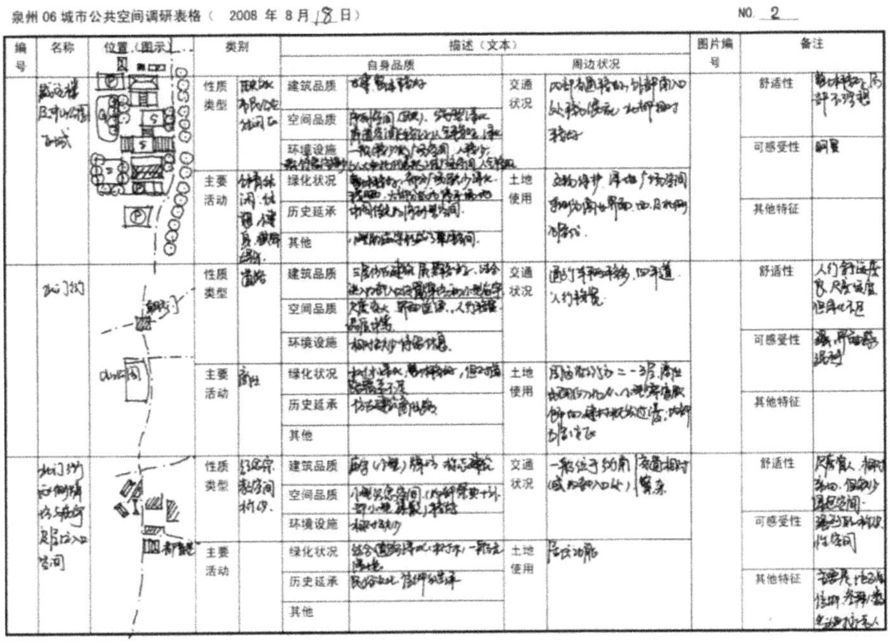

泉州 06 城市公共空间调研表格（ 2008 年 8 月 18 日） NO. 2

编号	名称	位置（图示）	类别		描述（文本）				图片编号	备注	
					自身品质		周边状况				
	[illegible]	[illegible]	性质类型	[illegible]	建筑品质	[illegible]	交通状况	[illegible]		舒适性	[illegible]
					空间品质	[illegible]					
					环境设施	[illegible]				可感受性	[illegible]
			主要活动	[illegible]	绿化状况	[illegible]	土地使用	[illegible]			
					历史延承	[illegible]				其他特征	
					其他	[illegible]					
	[illegible]	[illegible]	性质类型	[illegible]	建筑品质	[illegible]	交通状况	[illegible]		舒适性	[illegible]
					空间品质	[illegible]					
					环境设施	[illegible]				可感受性	[illegible]
			主要活动	[illegible]	绿化状况	[illegible]	土地使用	[illegible]			
					历史延承	[illegible]				其他特征	
					其他						
	[illegible]	[illegible]	性质类型	[illegible]	建筑品质	[illegible]	交通状况	[illegible]		舒适性	[illegible]
					空间品质	[illegible]					
					环境设施	[illegible]				可感受性	[illegible]
			主要活动		绿化状况	[illegible]	土地使用	[illegible]			
					历史延承	[illegible]				其他特征	[illegible]
					其他						

图1.3-2 泉州公共空间调研表格（二）

1.3.4 网络公众调查

在研究过程中，采用现场调研以及公众民意网络参与讨论和投票的方式，从而收集泉州真实、符合民意现状的问题列表。

利用百度网络信息优势，就泉州现状公共空间品质相关的问题和民众需求发表投票帖，如“您最喜欢的泉州街道类型”“您认为泉州最缺乏的公共空间类型”等问题进行投票。数据分析已经基本呈现出分化状态，为本书提供了颇有价值的数据资料（图 1.3–3）。

百度贴吧 > 福建 > 泉州吧 > 投票区

点击	回复	标题	作者	最后回复
575	9	生活在泉州,您认为泉州最缺乏什么样的公共场所? [进行中]	218.104.254.*	11-2 草頭黃
485	6	泉州城市意象调研 [进行中]	218.104.254.*	11-2 123.123.24
666	19	在泉州您最喜欢去哪条街道活动，最喜欢哪条街道（可多选） [进行中]	218.104.255.*	11-2 123.123.24
816	14	在泉州您最喜欢的场所——3选 [进行中]	218.104.255.*	11-9 123.112.89.
484	16	大家认为林祖嬷成考能考多少分 [已截止]	泉州第一路盲	10-19 lyjjy1986
967	52	如果路盲是个BL，大家猜他会喜欢谁？ [进行中]	泉州第一路盲	10-20 泉州第一路
576	16	主题：工薪阶层的男人们，能忍受LP失业多久？ [进行中]	heblly	10-12 歹囝仔
208	14	猜猜中国这届奥运会拿几块金牌[恶搞一下] [已截止]	liengo	8-20 海俊杰
493	29	请大家预测本次奥运会中国能拿到几枚金牌！ [已截止]	泉州第一路盲	8-21 222.188.10
1081	56	泉州吧最古意的 [已截止]	爱在85年9月25	10-20 211.143.
245	25	梦八打中男篮··· 猜猜谁会赢 [已截止]	liengo	8-11 谁来封掉我
419	28	大家认为我国的国花是?? [已截止]	蓝の梦幻→落日	8-11 121.205.60.
87	2	你认为谁会夺得北京奥运会乒乓球男女子单打冠军？ [已截止]	泉州第一路盲	8-10 爱在85年9月
84	0	我最喜爱的奥运开幕式节目评选	heblly	8-9 heblly
79	0	我最喜爱的奥运开幕式节目评选 一句话点评	heblly	8-9 heblly
295	16	开幕式让你印象深刻的是.... [已截止]	爱在85年9月25	8-10 熊猫中的白
162	12	你会选择在哪里看开幕式？？ [已截止]	米尼的蝴蝶结	8-8 田螺肉碗糕
1605	60	[illegible] [已截止]	58.22.121.*	10-31 淚逸
274	17	奥运猜想·谁将会成为本届奥运会中国代表队的旗手？ [已截止]	爱在85年9月25	8-8 爱在85年9月
474	30	主题：说说你内心最阴暗的想法吧 .. [已截止]	heblly	8-16 heblly
218	6	一般你们都喝哪里的茶叶？？？？ [已截止]	米尼的蝴蝶结	8-16 蓝の梦幻→

图1.3–3 网络调研系列问题的相关投票

1.3.5 整体研究框架

为使本次研究重点明确化、结论清晰化，全书采取理论层面、实践层面、结论层面三轨并行的研究框架（图 1.3–4）。在横向体系上，对于理论层面的各个重要理论点，均在实践层面以欧洲、中国的典型案例加以阐释与佐证，同时在结论层面总结重要结论点，并直接指导传统城市公共空间规划的具体实施工作。

在竖向体系上，本书采用缜密的逻辑推演方法，以空间与生活的相互影响关系为主线，从上至下将城市公共空间的影响要素、城市社会生活、城市物质空间等诸多理论点有机地组织串联起来，在三个轨道层面上分别形成独立而完整的研究系统。

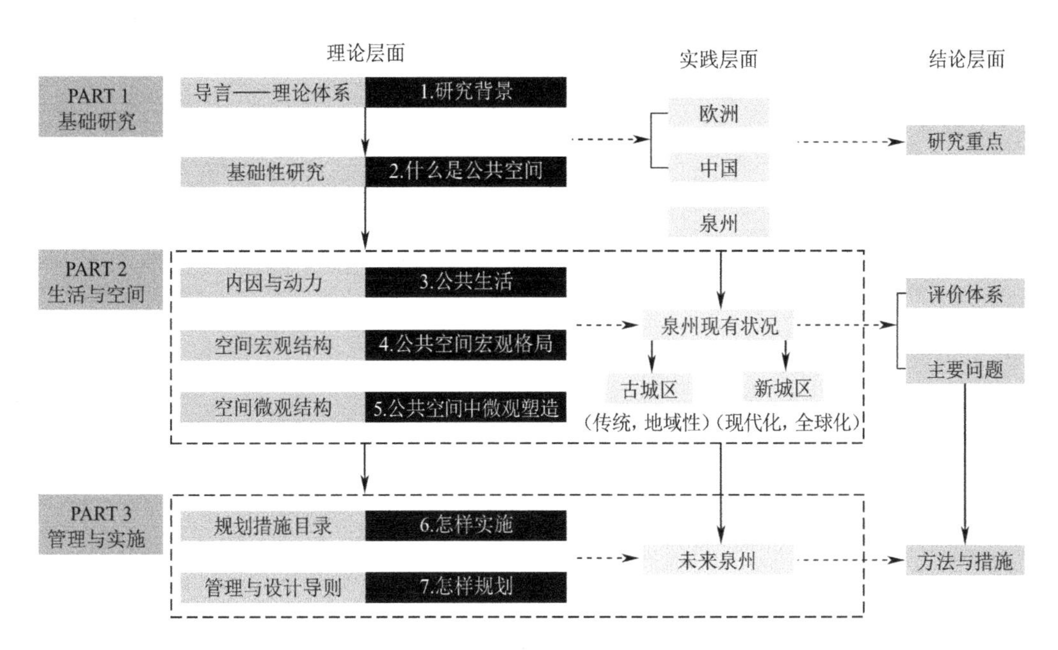

图1.3-4 整体研究框架

公共空间概念
——城市公共空间基础性研究

欧洲广场是以公共空间为主体的城市空间结构
——空间正负结构极其鲜明、空间界定清晰

以传统中国院落与街巷为主体的空间结构
——正负空间结构的融合、渗透与交织关系

2.1 城市空间形态结构

2.1.1 城市空间理论层次

库尔斯德按照尺度的不同对城市空间结构进行了划分，同时他认为公共性中的负结构是观察的基本点，其中包括“城市绿化”和“城市空间”，而城市空间主要依靠城市街道和广场来体现。

本书所研究的“公共空间”是库尔斯德空间理论体系形态负结构中的公共部分。而在这部分当中，中国城市的空间内容与西方城市存在显著差异，作为西方城市公共空间主体的广场，带有西方历史延续的内涵，而中国传统城市当中是没有广场的。

至此，本书认为城市公共空间的主体具有多样性，在不同地域和不同历史时期均会表现出不同的主体形式和特点。对于中国的公共空间主体和形式也是本书研究的内容之一。

2.1.2 中国城市空间形态结构

中国传统城市公共空间结构由于传统政治体制的巨大差异，在中国的城市建设历史上未曾出现过能够与西方的城市广场相比拟的城市空间。

延续至今，中国传统城市的宫殿院落、庙宇、城门前区承载着重要的城市公共生活，同时也是城市空间当中的重要组成部分，因此对于中国传统城市公共空间而言，半公共的传统院落和街道成为中国传统城市公共空间的重要体现。

按照彭一刚的传统空间结构理论，中国城市空间结构是由私密向公共逐渐过渡的，其公共等级也由最私密的“帐”逐渐开始向半公共性、公共性的“室”“庭”以及“街巷”转变。

其中半公共性的庭和公共的街、巷都是本书研究的重要内容之一。

2.2 公共空间的概念研究

2.2.1 城市公共空间的定义

1. 城市公共空间的定义

（1）活动（核心事件）

公共生活——人的公共行为。公共空间是公共生活的客观载体，没有公共生活发生也就没有公共空间可言。

（2）广义层面

城市当中凡有城市公共生活发生的场所与地点均可纳入城市公共空间的范畴。其范围广泛，小到家里的餐厅、客厅等，大到道路、广场、公园等。

（3）狭义层面

在狭义层面大多被认为等同于城市的户外空间或开敞空间。

这一层次的认识同库尔斯德的空间结构层次理论相一致，即城市建成区或在建区域中任何一个未被建筑、道路等构筑物占据，向城市普通公众完全开放进行公共交往活动的空间；同时不被私人或某集团占有、控制或严格排他性使用，有着一定的使用目的和积极意义，并实施一定的建设措施的公共开放空间体。

狭义层面的公共户外空间类型也是本书研究的重点之一。

2. 公共空间的基本特征

（1）开敞性

公共空间在物理形态上一般是城市建设区域内未被实体建筑占领的部分，可能会有建筑及其构筑物、山体、水体、树木等不同程度的围合，但总体上保持一种开敞的空间体形态。

（2）目的性

城市公共空间都是服务于某种特定目的和相应的功能，各种各样的城市公共空间的最终目的是满足人们的各种活动需要，例如提供公共空间活动场所、有机组织城市空间和人的行为、构成城市景观、改善交通、营造城市生态环境等。

（3）公共性

从公共空间的产权所有者来看，城市公共空间一般不被任何私人或某个集团拥有，与道路等市政设施一样属于典型的社会公共物品；从使用者范围来看，公共空间在理论上是面向社会所有的需求者。

（4）开放性

从建设实施的主体来看，城市公共空间一般由代表城市总体利益的城市政府提供或者以利益补偿的方式建设。

（5）参与性

没有人的参与使用，城市公共空间就失去了其存在的意义，所以城市公共空间的一个重要特征就是人的参与性。

（6）汇聚性

从人的行为心理特征来看，人们往往在心理上对社会群体有一种依赖性，这不仅是自古以来人对于渴望安全感的潜意识，在现代更体现出人作为一种社会性个体对社会交往的基本需求，在城市中表现为人的活动的汇聚性。

2.2.2 城市公共空间的类型

从城市公共空间的外在基本形态出发，同时结合传统城市公共空间现状，将公共空间大致分为以下几种类型进行研究：街道、广场、院落空间、公园绿地等。

1. 街道

街道是最为古老的城市公共空间类型，其既承担了交通运输的任务，同时又为城市居民提供了公共生活活动的场所。街道是我国自古以来最具有代表性的城市公共空间（图 2.2–1）。

香港街道

北京街道

泉州街道

图2.2–1 街道空间类型图片

街道的公共空间特点：

（1）交通的功能性

这是街道最初和最基本的功能。

（2）人行为的定向流动性

与其他城市空间相比，街道的方向性大体规定了人的行为选择，人们在街道中有意无意地会呈线性运动。

（3）空间的强烈围合性

街道是城市中用来实施交通功能的建筑用地的间隙，是一种线性空间，受到周边建筑的紧密围合。

（4）与建筑的紧密接触性

街道空间是由建筑所围合的，建筑的正常使用依赖于街道的交通功能。街道空间周边建筑丰富的功能，一方面极大地增加了其吸引力，同时又扩展了其使用内容，使之更加多元化。

（5）景观的连续性

街道是一种形式空间，随着人们步行活动的渐次展开，其景观连续而又有规律性。

2. 广场

广场既是当代具有代表性的城市公共空间，又是易识别、具有活力、极其受欢迎和极其受瞩目的公共空间，可称得上是城市公共空间的精华和高潮（图 2.2–2）。

布拉格广场

天安门广场

大连星海广场

图2.2–2　广场空间类型图片

广场的公共空间特点：

（1）空间的开放性

广场的空间分布更为集中，与外界的接触面更广，外界面的围合力相对来说较弱，而且其空间容纳力更强。

（2）功能的主题性

它的选址、设计与建设往往是有针对性的，或者是为了满足城市某项具体功能的客观要求；或者是地处特殊的城市景观节点或功能区位，用来作为城市公共空间的兴奋点；或者是针对某个特殊的历史文化对象和主题，赋予其精神内涵。

（3）内容形式的丰富性

广场可容纳各种各样的景观和实用要素，自身也可以以多种形式出现。

（4）景观的标志性

广场作为一种地标，以面的外部形式给人以更广范围的感染，它留给人的是多种类型的视听感官与心理感受。

3. 寺庙、宫殿等公共建筑附属大型院落空间

大型院落空间是中国最典型的传统公共空间，其历史文化的表征性往往成为城市传统文化意象的重要载体。在现代，以往的皇宫院落等也向公众开放，成为独具特色的中国城市公共空间（图 2.2–3）。

日本金阁寺

开元寺

寒山寺

图2.2–3　寺庙空间类型图片

寺庙的公共空间特点：

（1）空间活动的特殊性与多元性

传统寺庙院落都伴随着宗教活动的发生，但是现代由于社会体制的转变，寺庙空间的活动特点趋于多元性，寺庙对旅游者开放，同时部分院落空间也作为市民的休憩场所。

（2）具有强烈的民族特征

寺庙建筑与传统宫殿建筑形式具有鲜明的民族特色和民族风格。

4. 公园绿地

公园绿地是专为城市提供休闲娱乐基本功能，同时又具有极其丰富的景观价值和生态价值的一种城市用地类型（图 2.2-4）。

莱茵河公园

纽约中央公园

大型城市绿地空间

北京紫竹院公园

卢森堡公园

公园绿地空间

图2.2-4 绿地公园空间类型图片

公园绿地的公共空间特点：

（1）空间与功能相对独立。

（2）公园绿地主要倾向于舒缓型和分散型的使用功能，与城市高强度的城市流动性具有一定的冲突。

（3）相对低使用强度。公园绿地平均用地容纳能力要低于广场或街道空间，而且其使用内容与其他城市公共空间有所不同。

（4）侧重生态环境。从生态学上来讲，公园绿地是城市调节温度、湿度和吸氧量，减少城市"热岛效应"的重要工具，常常被誉为城市的"绿肺"。

2.2.3　城市公共空间设计的层次性

城市公共空间在设计层面涉及三个层次：宏观、中观和微观。各个层次之间既相互关联又各有侧重，宏观层面定性，中观层面细化定性、定量，微观层面细化定量（图 2.2-5）。

城市整体领域

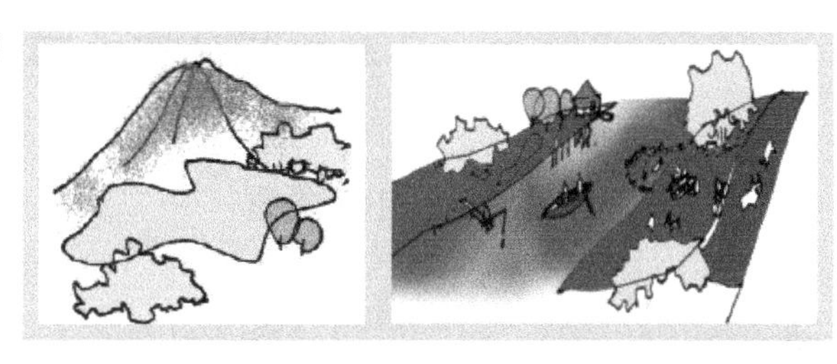

局部区域性

空间个体

图2.2-5　以绿地开敞空间为代表的公共空间层次

1. 宏观层面：公共空间体系与定位

城市公共空间的宏观层面主要涉及城市整体公共空间体系和城市空间意象的相关问题，包括城市公共空间的整体布局、宏观气质、在城市中所占比例等。

2. 中观层面：公共空间的空间模式

区域性城市公共空间层次，涉及区域空间序列、公共空间的类型分布和典型意象特征、空间布局模式等内容。

3. 微观层面：公共空间详细设计

微观层面主要指详细设计层面的具体内容，包括具体公共空间的形态、构成以及空间比例、尺度、微观布局等。

2.3 公共空间的影响要素

2.3.1 自然要素

1. 自然气候

在气候中，风、日照、雨是影响公共空间使用的主要的三个因素，也是人们不能改变的自然现象，其直接影响着户外活动的发生和公共空间的使用。

（1）对城市空间使用的基本要求

面对不同的自然气候，人们提出了对于通风、采光、避暑、御寒等方面的生活要求。同时自然气候也直接影响着户外活动的发生和公共空间的使用。

1）阳光：寒冷和温暖的季节，阳光对人们的户外活动具有很强的吸引力；炎热的季节，人们活动时希望躲避阳光的暴晒（图 2.3–1）。

2）风：人们室内或室外活动对自然通风的需求，其具有散热防潮的作用（图 2.3–2）。

3）雨：降雨对于公共空间的使用具有阻碍性影响。对于突如其来的降雨，对公共空间（尤其是大尺度开放性场所）提出临时性避雨要求，而对于我国南方的多雨季节，降雨在很大程度上降低了自发性户外活动发生的概率。

此外一些特殊天气还会对户外公共活动的发生产生一定的吸引力，例如雪天引发打雪仗等户外体育活动等。

（2）宏观层面气候对城市公共空间的影响

由于各个地区的自然气候特征不同，导致各地区的生态品质和特征具有明显的差异性。由此在宏观层面对于城市公共空间的影响主要是城市公共空间的主体类型特征和分布特点。

在中国北方地区，四季气候分明，由于建筑南北朝向和日照的需求，建筑间距较大，形成与道路并行的开敞区域，在此基础上配比一定的绿化，促进城市广场的发展。而在中国南方地区，气候温暖潮湿，雨水充沛，利于植被生长，城市公园分布较为广泛，且依靠天然水体形成高生态品质的城市公园也较容易，因此公园的数量和分布要明显优于北方地区。在国外特别是在欧洲城市，气候温和，自古以来开敞型广场在公共空间中占据主导地位，且城市公共空间中广场的建设也较为成熟。

（3）中微观层面对城市公共空间的影响

自然气候对公共空间层次的影响更为详尽，对每个公共空间的尺度、空间比例、空间要素的构成与组织方式等方面均具有一定的设计要求。

例如在中国南方城市，对于公共空间的通风和避雨的适应性要求较为突出，因此在岭南地区庭院和骑楼等空间较为常见，可以促进通风的同时也具有较好的避雨作用，可以增加雨天人们的日常室外公共活动。

针对阳光

城市公共空间微观层面，针对日照主要希望创造更多的阴凉用以调节夏日强烈的日照。通过不同的空间形式和围护结构、生态绿化设施等，弱化日照的暴晒。

在寒冷地区城市人需要更多的阳光，促使空间开敞化、宽阔化和空旷化。这样的空间特征在欧洲温和的气候条件下可以得到更为舒适的效果。

同时由于不同区域建筑对于南北朝向的不同要求，公共空间的朝向、布局特征也表现出不同的状况。

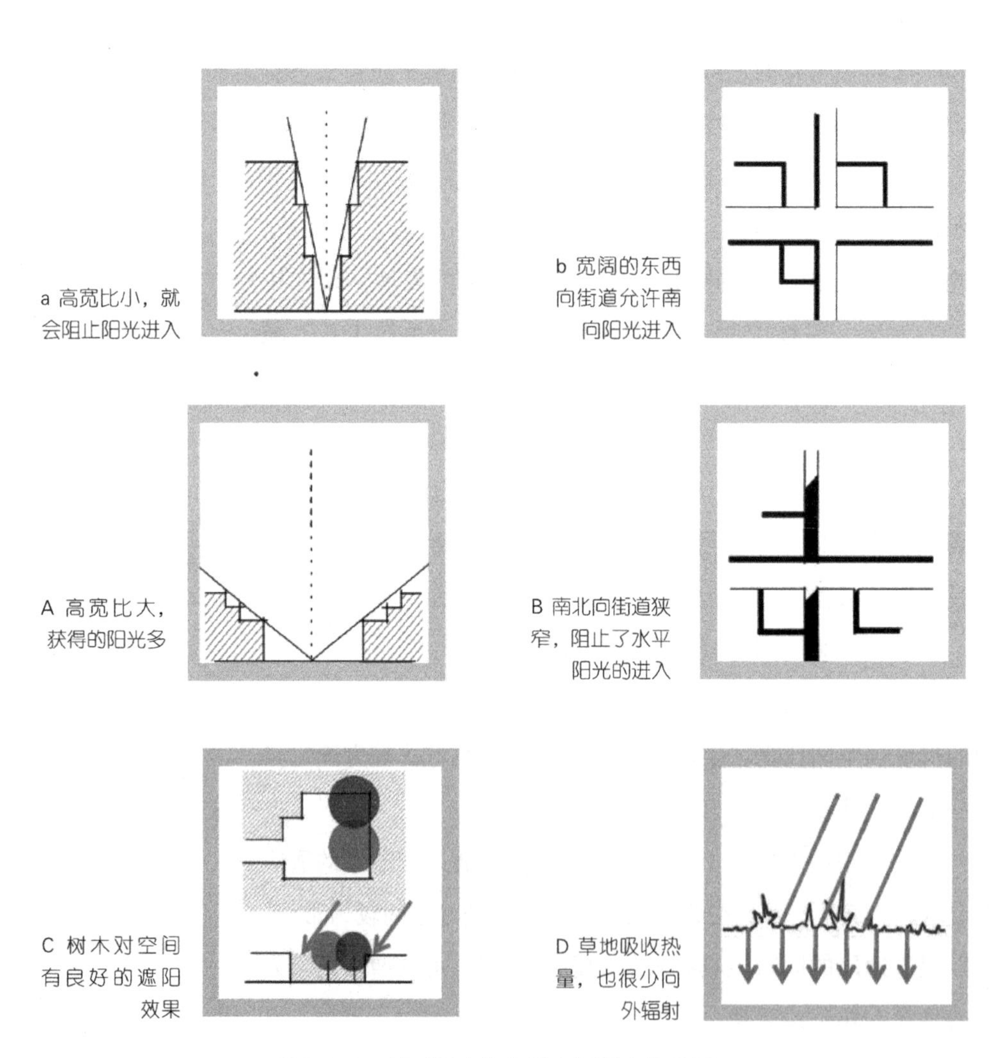

图2.3-1　针对阳光的公共空间适应性分析

针对通风

通风也是人们活动中较为基本的环境要求，新鲜的空气是户外活动主要的吸引点所在。通过不同的建筑布局方式、建筑结构的设置以及生态环境的调节，可以实现较为理想的舒适效果。

1 庭院在炎热条件加强空气流动

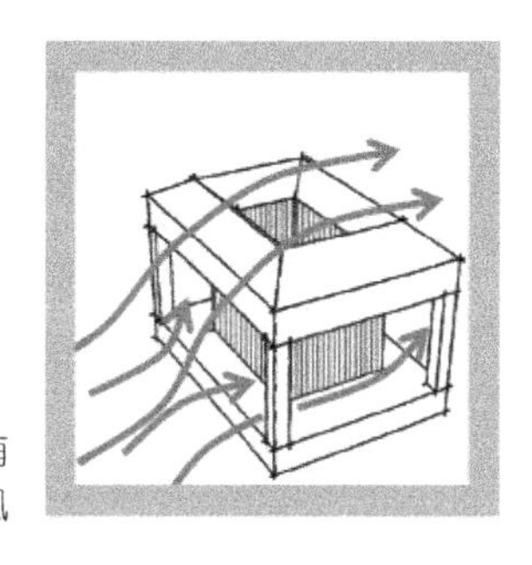

2 庭院和通廊有助于遮阳和通风

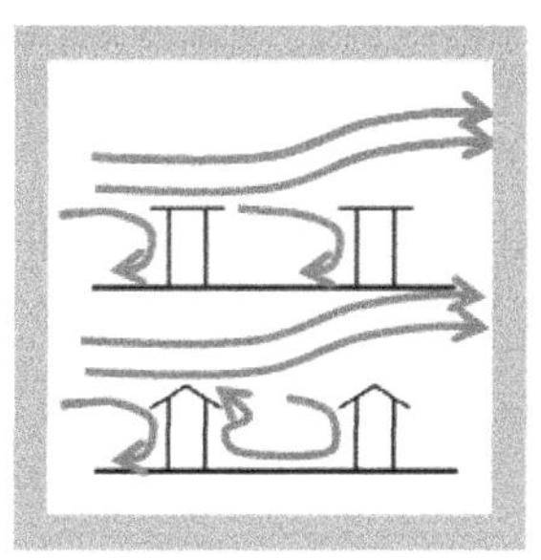
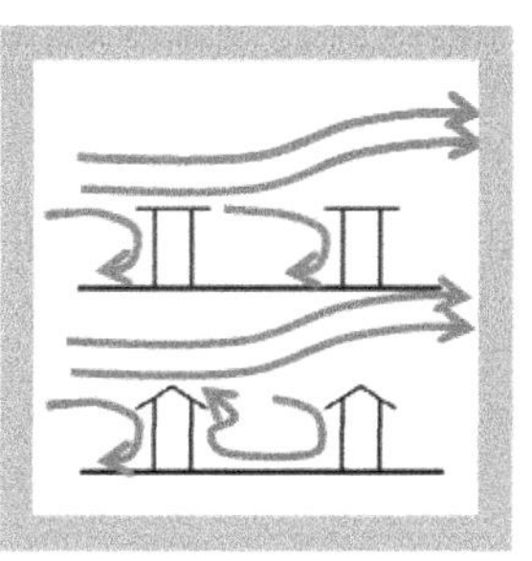

3 挑檐有助于平屋顶通风，使坡屋顶的通风达到最大

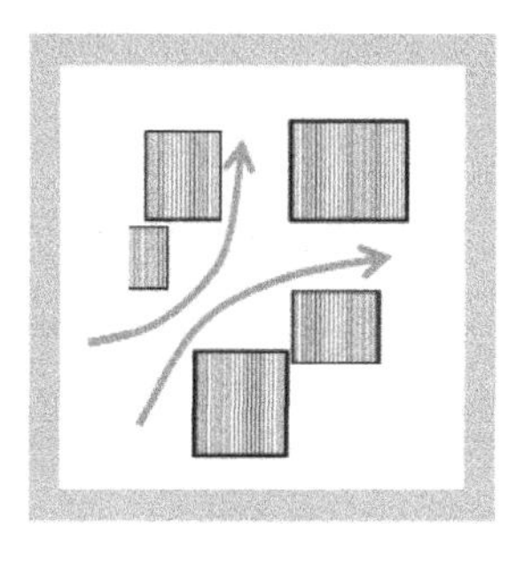

4 建筑布局引导空气流动

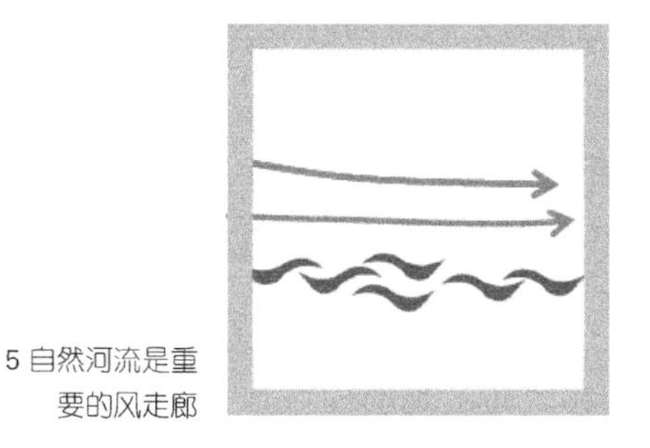

5 自然河流是重要的风走廊

6 水体吸热，从而蒸发制冷

图2.3-2　针对通风的公共空间适应性分析

2. 自然地貌

（1）宏观层面

自然山水对城市公共空间布局的影响：自然地理、地形、地貌等。山体形成接近自然山体的休闲度假场所；江河湖海等则形成滨水公共休闲观光空间。

欧洲和美洲城市公共空间与自然地貌的关系：自然山水对于城市人具有巨大的吸引力，世界城市发展大多向西方靠拢，城市发展越来越濒临自然山水，尤其是重要城市的公共空间、公共建筑多滨河、滨江、滨海设置，依靠良好的自然生态优势提高城市的整体竞争力。于是涌出诸多颇具特色的山水城市，城市公共空间也随山水的地形特征发生相应的布局改变。

中国城市公共空间与自然山水的关系：中国自古以来为了躲避洪涝灾害，形成了城市向腹地发展。城市为避免洪涝灾害，多设置于远离江河的腹地地区，由于当前国际城市化模式的影响以及城市用地紧张，中国现代城市规划中，城市呈现出向滨水发展的明显趋势，但出于防洪的考虑，防洪堤设计大大降低了滨水空间的品质。近年来，现代城市滨水区、滨山区成为公共空间改造设计与发展的主体方向。

（2）中微观层面

自然山水对城市公共空间类型和环境品质的影响：

在微观层面，自然地貌对公共空间的影响主要在于其空间生态环境品质、空间类型、空间意象等方面。对于不同的地形区域，包括山地区域、丘陵区域、滨水区域、湿地区域等，都可以通过规划设计和适当建设而发展成具有天然生态品质的城市公共空间。

由于人为力量的存在，在微观层面城市公共空间的品质也不局限于现有地形地貌的天然基础，人造湖泊、山体等人工地形的塑造同样大大提升了城市空间自然品质。因此，城市自然地貌对城市公共空间的品质影响力更为直接化，同时人们可以通过合理的设计对微观地形地貌进行改造，从而强化其空间意象。

2.3.2 经济与政策

1. 城市经济水平

随着城市经济水平的不断提升，城市对公共空间提出更高的要求；城市公共空间整体和微观品质也都与城市的经济水平成正比关系，即城市经济水平相对较高的城市，其城市公共空间比例和品质也相对较高。

（1）宏观层面

城市产业经济发展往往是由粗放型产业逐步向集约型产业过渡，期间伴随着不同层级的产业升级，会对城市形象和品牌效应提出不同的需求，而这些需求将最终落在城市公共空间的塑造上。因此随着经济水平的提升，城市公共空间也会伴随城市更新逐步走向体系化和完善化。

（2）中微观层面

经济水平相对较高的城市，能在经济基础的支撑下完成公共空间各个层面的优化和改造，将更多的重心放在城市公共空间的景观和人文塑造上。

经济发达城市的微观公共空间优势主要表现在：空间环境品质生态化、空间配套设施人性化、空间设计要素人文化。

2. 城市相关政策

政策是与城市决策者和经济连并考虑的一对要素，一定的经济基础才能保证政策的运行和落实。在以政府为主导的城市建设当中，政府对公共空间的关注点、政策对公共空间的倾斜性尤为重要。公共空间由政府提供，政策由政府制定，正确和有效的政策是解决城市迫切所需的关键所在。

（1）宏观层面

政策的针对性往往是宏观层面，城市首先关注的是大尺度、整体的城市公共空间布局与景观结构，所以政策对公共空间的关注首先体现在量上。

（2）微观层面

政策对微观的影响程度相比宏观层面要弱，微观层面的空间环境建设往往依靠经济投入的成本，只是在空间意象上受到上一级规划的影响。

3. 上海开敞空间优化政策

随着经济的发展，工业外迁，产业结构升级重组，在经济水平稳步提升的同时，对城市公共空间的发展提出更高的要求，并由此制定了一系列不同阶段的城市公共空间建设政策。经过政策的不断落实和建设投入，上海城市公共空间发生了巨大的变化，外滩等滨水空间得以改造，城市公共空间和景观结构逐渐体系化，同时人均绿地面积也由 1999 年的 5.5m^2/ 人上升至 2020 年的 8.5m^2/ 人。

上海制定的相关政策：

（1）规划建绿：搬迁辟绿、拆迁还绿、见缝插绿；

（2）还绿于民：构建“多中心、分散状的区域绿心”。

2.3.3 城市定位

1. 宏观层面

城市定位对公共空间在宏观层面的影响较大，它直接关系着城市对于公共空间建设政策的制定。

历史文化城市通常注重传统城市空间的保护和更新，因而城市公共空间往往表现出传统空间的典型特征，在新区公共空间塑造上，也多见历史文化特征。

旅游型城市、宜居型城市、服务型城市往往注重公共空间人性化品质的建设。城市公共空间数量较多，布局形式也丰富多样。在旅游型城市，公共空间的整体布局中往往还表现出戏剧性的扩张效果。

针对工业型城市公共空间的定位要求：

（1）逐渐改造

依靠产业发展带动经济和城市建设，在城市工业、产业发展初期，对环境的破

作为工业城市的唐山，在一定的工业发展的基础上，不断加强城市公共空间，尤其是大型生态空间的建设，从而使城市面貌和生活品质得以改善。

图2.3-3 唐山公共空间规划案例

坏较为严重，城市关注点往往不在于城市公共空间的塑造，只有在城市经济发展到一定程度，进行产业升级和城市转型的同时，才会对城市环境进行整治（图 2.3-3），开展工业外迁和城市公共空间塑造。因此大多数工业型城市初期的公共空间建设较弱。当今，具有一定发展基础的工业型城市更为注重城市公共空间，尤其是具有生态核心性公共空间的建设，在新的规划中往往将工业用地与生态绿地结合设置，以加强对环境的保护和改善。

（2）生态同步

工业型城市中，生态空间和公共空间需同步建设。

2. 中微观层面

城市定位对中微观层面的影响主要在于城市公共空间意象和品质方面（图 2.3-4）。

工业型城市对公共空间的微观塑造往往加强树木和绿地的设置，用以改善生态环境和城市面貌。

旅游、宜居型城市公共空间的休憩娱乐设施较为完善。

历史文化城市公共空间设计中，通常加强历史文化要素的渗入，从而加强城市历史文化的传统城市意象。

图2.3-4 微观层面与不同城市定位相呼应的城市公共空间特征

2.3.4 社会体制

中西方社会体制的差异造成了城市公共空间类型和特征的显著区别。

1. 宏观层面

（1）西方社会体制与城市公共空间

自古以来西方社会体制是民众开放型的，政治和城市管理的意识较高。在鼓励市民公众参与的前提下，城市空间的开放度得到极大的提升，开敞的公共空间为市民参与政治、举办社会文化活动提供了充足的空间。因此，欧洲城市道路往往与城市广场相连，城市公共空间也成为城市整体结构中的重要组成和控制性要素。

在欧洲理想城市的空间模型中，通常倡导开放性较强的公共空间体系，因此公共空间在欧洲城市结构中往往处于核心地位，例如位于城市轴线的汇聚点，同时公共空间构成的交通性集聚节点设置形成城市的次级核心。

（2）中国社会体制与公共空间

分为三个阶段，即历史封建制社会阶段、近代殖民主义渗透阶段及当代新时期城市飞速扩展阶段。

中国历史封建制社会阶段：数千年封建专制与集权文化时代，长期处于封建王朝的统治之下，历代都城都表现出类似的、等级明确的城市空间格局。社会体制不鼓励公共活动，缺乏类似于广场的开敞空间。街巷和宗教型院落是城池之内主要的公共空间和公共活动的发生地。

近代殖民主义渗透阶段：殖民地统治者将与中国文化迥异的西方文化带入中国，并在殖民统治的城市完全按照其自己的方式建造城市，使城市空间结构表现出西方城市的特点。城市广场等公共空间在城市结构中出现。

当代新时期城市飞速扩展阶段：当代中国飞速的城市化进程，同时开放包容性的社会氛围，导致短短几十年时间中，新城市不断涌现，城市规模不断扩大，城市设计受全球化文化的影响，加之对传统文化的不断呼吁，在很多城市中，城市格局表现出混沌的局面。因此，公共空间和公共生活也表现出前所未有的多样性和丰富性。

目前中国城市公共空间面临的主要问题为受到殖民侵略对中国传统历史城市进程的打断，西方工业化进程对全球城市发展的促进，西方城市规划思想的传播以及近代中国城市跳跃性进程的影响，使得中国城市传统城市公共空间的发展是断裂的，尤其近现代城市受到外来文化的强烈冲击，并带有殖民主义色彩。这是中国城市公共空间发生改变的重要原因。

2. 中观层面

主要对公共空间的空间形式、空间品质、活动类型等方面造成影响。

西方：城市公共空间受社会体制的影响较为明显，在不同时期表现出不同的形式特点、空间品质以及活动类型特征。以广场为例的城市空间形式研究证实了这一点（图 2.3–5、图 2.3–6）。

中国：中国自古道路作为主要的公共活动开敞空间，在微观层面受制度影响不大。现代交通方式的改变促使中国公共空间类型和分布发生转变，传统街巷与院落空间发展受到阻碍。

历史时期	权力特点	空间形式	空间品质	空间活动
古希腊时期	民主政体	自由	封闭	复合
古罗马时期	专制色彩加重	严格	封闭、轴向	复合
中世纪时期	民主政体	自由	封闭	复合
文艺复兴与巴洛克时期	专制色彩加重	严格	封闭、轴向	单一
古典主义时期	专制主义	严格	封闭、轴向	单一
现代城市	民主政体	自由	开放	单一

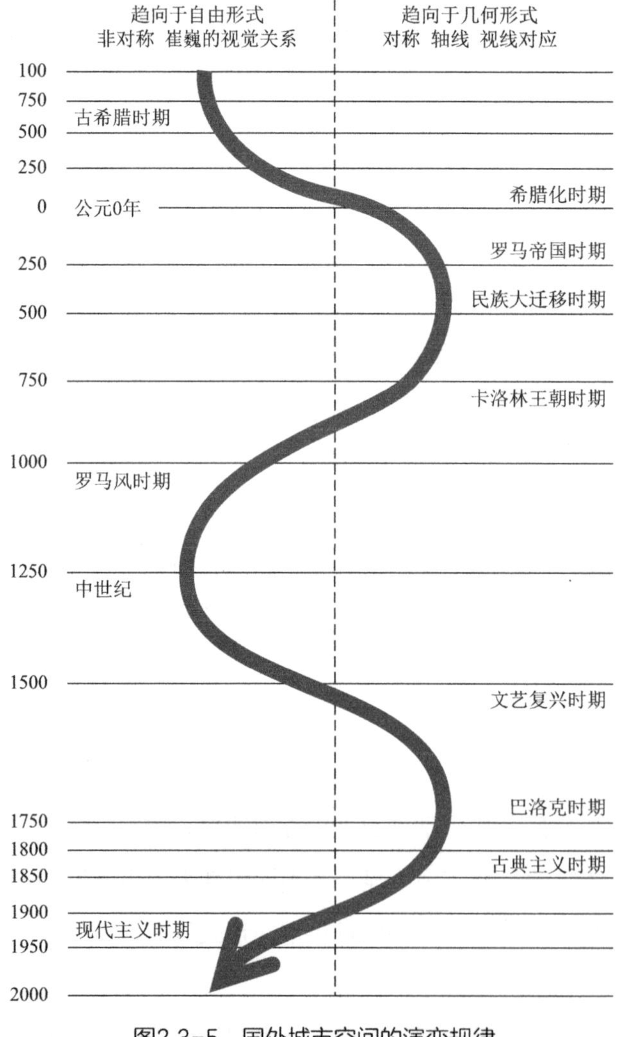

图2.3-5 国外城市空间的演变规律

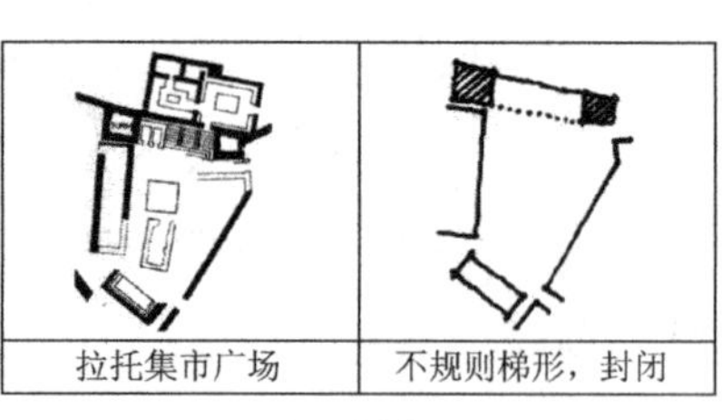

古希腊时期

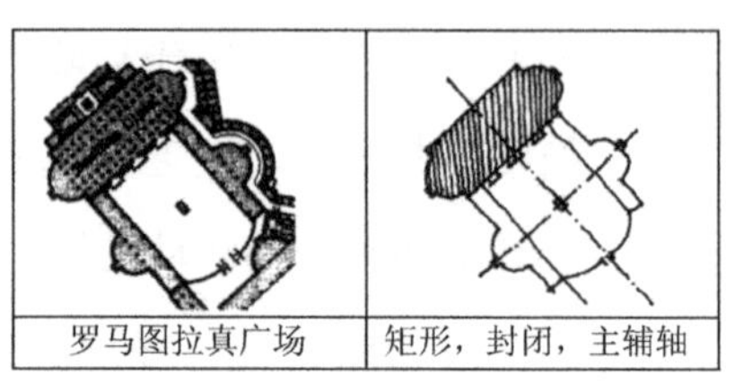

古罗马时期

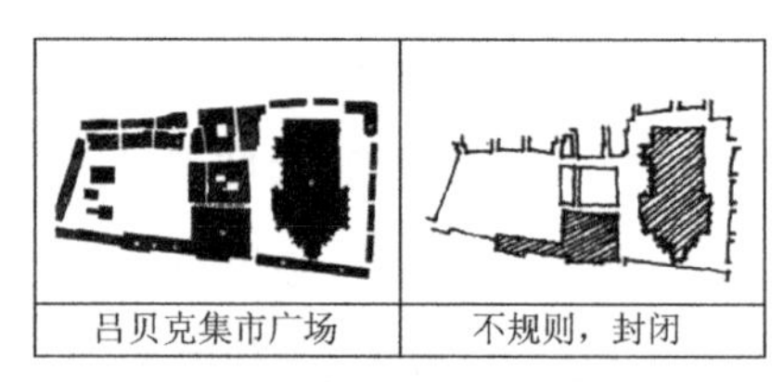

中世纪时期

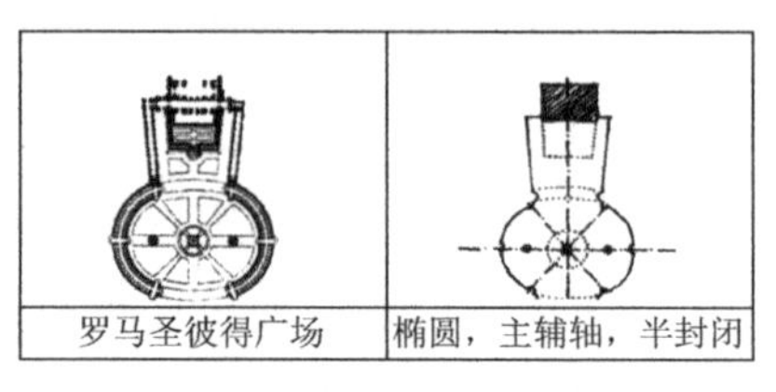

文艺复兴与巴洛克时期

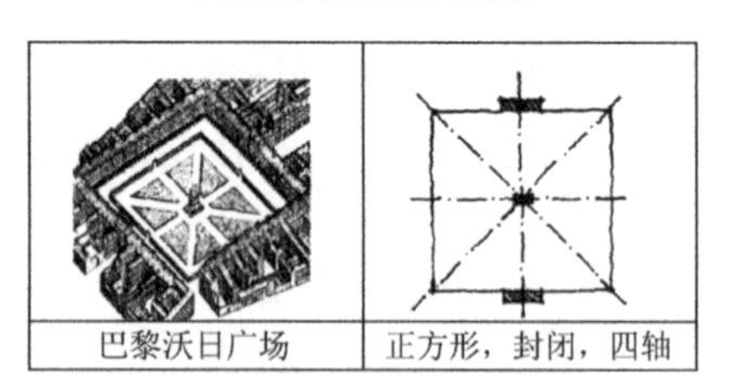

古典主义时期

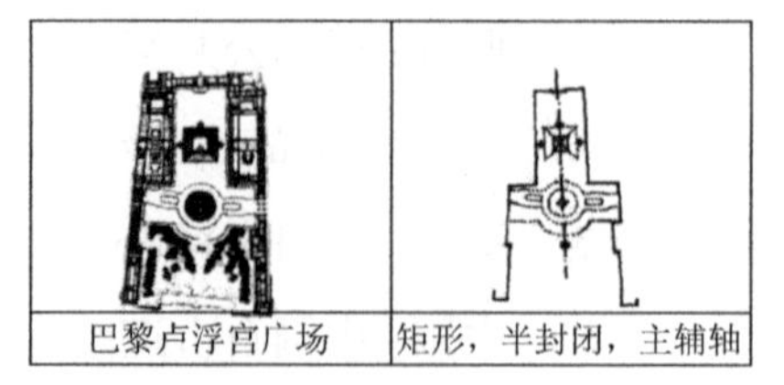

现代城市

图2.3-6 国外城市空间的演变特点

3. 微观层面

城市公共空间承载的主要活动类型、流动人口的身份、数量往往受到周边土地使用的影响，甚至是附属于周边建筑或为其形象等功能服务。主要影响方面为空间品质和空间氛围。

（1）与居住区紧邻的公共空间

承载市民休闲类公共活动，空间大多针对区域性开放，表现出半公共性。

（2）与商业区紧邻的公共空间

主要活动来源是与购物中心相关的流动人口，供其购物休憩或停车等，空间氛围较为热烈。

（3）与行政区紧邻的公共空间

往往是城市形象的展示区域，具有较强的政治性，往往具有严肃正式的空间氛围。

（4）与重要公共建筑紧邻的公共空间

如博物馆、大型车站等，与其紧邻的公共空间往往是人流疏散和形象展示的重要场所。

2.3.5 城市空间格局

1. 土地功能的影响

宏观层面：

土地使用对公共空间的影响主要表现在公共空间的分布特点上，大多数城市公共空间是为密集服务区提供的，例如商业区、娱乐文化区等。公共空间分布和意象风格在宏观层面上与城市用地结构呈现一定的对应关系。

城市中心区是城市功能最为活跃的区域，具有强烈的集聚效应，也是城市中最繁华的区域。其具有建设强度高、交通流量大、高密度的城市功能、高商业价值和高土地价值的特点，因此，其对公共空间的需求也最大，例如商业步行街、中心广场等都是集聚效应下产生的大型高密度公共空间。因此，城市公共空间往往在城市中心区分布密集，且以都市型城市空间类型为主。

远离城市中心区的边缘地带，往往对城市有着重要的生态价值，例如河流边缘地带、山地区域等。因此城市边缘区城市公共空间分布以大尺度郊野型公园或大型生态区为主，整体空间氛围更为自然，且大多与旅游产业表现出同步发展的趋势。

2. 空间结构

城市空间结构是多种因素共同作用的结果，包括自然现状因素、社会因素等，而公共空间可以说是城市空间结构中的一部分，它的布局特点与城市空间结构有着紧密的联系。

（1）宏观层面

城市公共空间在不同的城市空间结构类型中具有不同的地位分布形式（图2.3–7）。

井字形、圈层和放射形城市空间结构中，公共空间处于核心地位，往往是整个城市的焦点。

线形、平行线、鱼骨形城市空间结构中，公共空间与道路体系联系性较大，城市公共空间往往串联在道路中，或位于道路边侧，与道路系统构成一个完整的体系。

十字形和网格形城市空间结构在中国较为常见，意象展示性公共空间往往位于道路交点处，此外，城市公共空间布局相对灵活，或在道路边侧，或在地块内部。

（2）中微观层面

空间的个体类型和具体的环境品质具有很强的灵活性，因此在中微观层面城市空间结构对其影响力较弱。

3. 车行交通

在城市发展过程中，由于现代产业、生活方式的转变，城市交通逐渐由以往传统的步行主导城市发展演变成当今的以车行为主导的城市。车行交通的发展，一方面加强了区域的可达性，另一方面也影响了城市公共空间的步行使用效果。

（1）宏观层面

车行交通为主导的城市空间在空间形式上将城市进行分隔，形成明确的城市区域感，使空间肌理变得粗犷。

加强区域的可达性，可以使城市周边公共空间取得更好的使用效果。

在整体景观效果上，车行交通可以利用视觉渗透的关系，将不同区域的公共空间联系在一起而形成区域空间联系轴，同时可以提供不同速度观察城市的机会。

结构	实例一	实例二	实例三
1.线形	多马茨利斯（Domazlice，捷克） 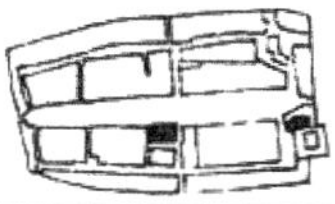	斯特劳宾（Straubing，德国） 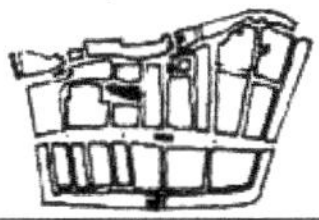	弗里德堡（Friedberg，德国） 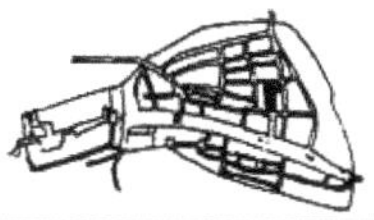
2.平行线	吕贝克（Lübeck，德国） 	早期的伯尔尼（Bern，瑞士） 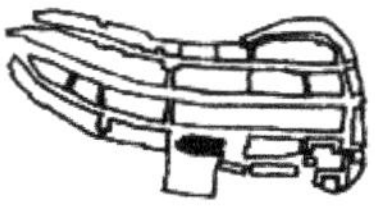	阿姆斯特丹（Amsterdam，荷兰） 
3.十字形 	威林根（Villingen，德国） 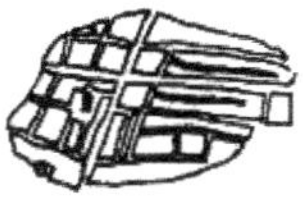	洛特威尔（Rotweil，德国） 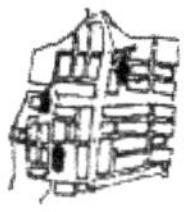	大同市，中国 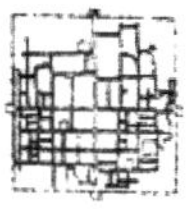
4.井字形 	柯龙（Cologne，法国） 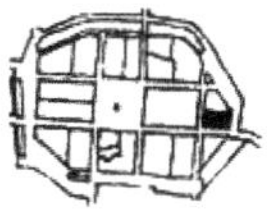	巴赛罗勒（BaceloneduGers，法国） 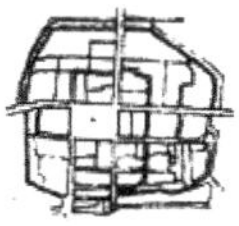	劳腾（Raudten，德国） 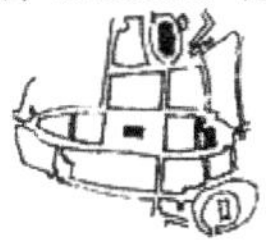
5.鱼骨形 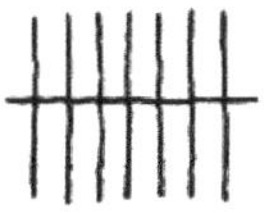	加蒂纳拉（Gattinara，意大利） 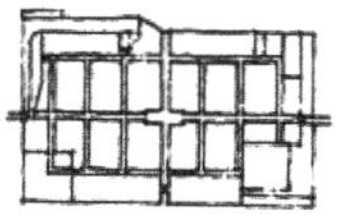	艾尔宾（Elbing，德国） 	本堡（Bernburg，德国） 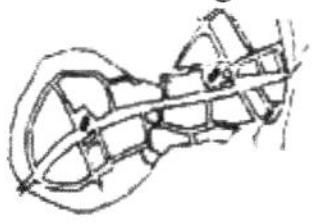
6.网格形 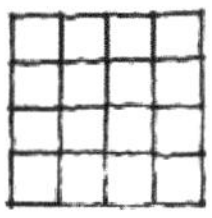	唐长安，中国 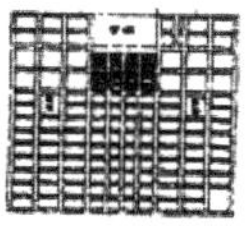	普里安尼（Priene，古希腊） 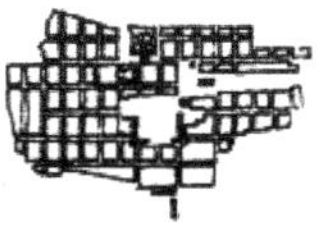	提姆加德（Timgad，古罗马） 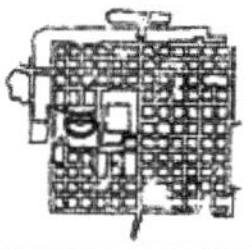
7.圈层 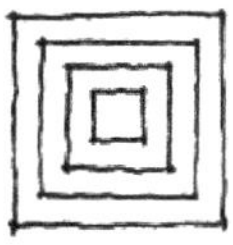	诺林根（NOrdlingen，德国） 	弗诺依登城（Frendenstach，德国） 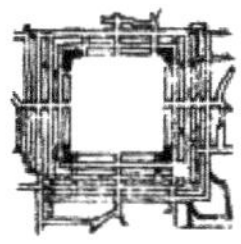	元大都，中国 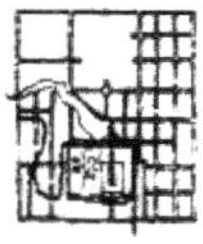
8.放射形 	亚琛（Aachen，德国） 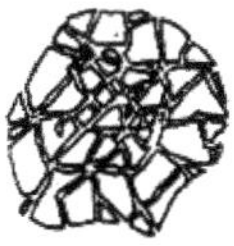	布劳恩施外克（Braunschweig，德国） 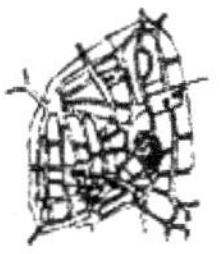	帕尔马诺瓦（Palmanova，意大利） 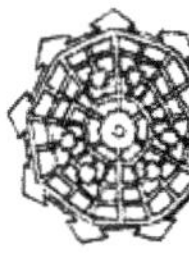

图2.3-7　城市基本空间结构类型

（2）中微观层面

1）对步行道路的割裂作用

车行交通在中微观层面主要影响城市公共空间的步行使用效率，原本连续的步行体系往往因为车行交通的介入而产生断裂现象。

2）对公共空间连续性的影响

在人行尺度上，公共空间本身应具有一定的连续性和序列性，车行交通和道路的设置，使得城市公共空间的连续界面只能在车行道路单侧发展，从而使公共空间的服务对象区域更为明确化。

3）车行交通对公共空间环境的影响

噪声、尾气等汽车的消极面严重影响了街头公共空间的使用效率。

4）对设计提出更高的要求

通过合理的设计实现人行与车行交通的合理组织，例如道路高架或地下穿行等方式，从而实现人车分流或人行与车行的和谐共存。

2.3.6 公共空间影响要素的影响力

通过对各个影响要素的研究分析，根据其在宏观层面和中微观层面的影响力度进行综合等级性评价（表 2.3–1）。在公共空间诸多主要影响要素中，自然气候对公共空间各个层面的影响力都比较大。

此外，由于城市整个体系的形式是一个漫长时序性过程，所以在整体结构上受到外在自然、社会因素和城市自身的空间转变、更新、扩张的影响较大，可以说公共空间的格局是各个方面要素共同作用的结果。

而对于公共空间的中微观层面，由于建设时序短，改造、变迁相对容易，因此受到各方面客观影响要素的影响不大，更多的是在主观设计的基础上形成的空间类型、尺度、比例和空间品质等。而对于设计者，中微观层面也是最为容易将设计实施的层面。

综上所述，公共空间的宏观设计层面需要综合多种因素连并考虑，公共空间宏观景观体系与自然、社会、空间各要素有着密切的相互联系性，在城市设计过程中连并考虑以上要素进行综合设计和评价。

而对于中微观层面的公共空间设计和管理，需要从其不同的构成要素和人们现实生活的客观需求出发，进行合理分析和精心设计。从城市设计的角度讲，其塑造

公共空间影响要素的影响力分析 表2.3-1

影响要素		宏观层面的影响	影响力	中微观层面的影响	影响力
自然要素	气候	公共空间整体布局	强	尺度、空间构成形式、环境品质	强
	地貌	空间布局、空间城市意象	强	空间类型、空间构成形式、环境品质、空间意象	中
社会要素	经济政策	公共空间比例、城市意象、空间格局	强	空间意象、环境品质	中
	社会制度	公共空间比例、空间格局	中	空间类型、开放度	强
	城市定位	公共空间比例、布局	强	空间意象风格、环境设施	中
空间要素	土地使用	整体布局、空间类型	强	空间品质特征、活动类型	强
	空间结构	公共空间格局	强	空间形式	弱
	车行交通	空间格局、序列	强	空间形式、尺度、比例	强

和控制受设计者的影响较大，其改造起来也相对容易，因此对中微观层面的研究，主要从其自身空间塑造的角度出发进行探讨，这也是本书研究的重点之一。

德方斯轴线（图2.3-8）

车行交通串联整个轴线，与轴线平行方向上增强了各个空间接点的可达性，但限制了步行道的纵向连续性，车行两侧的人行交流受阻。

图2.3-8 德方斯轴线分析

城市公共生活

——城市公共生活的演变与发展

通过对城市公共空间基本概念、类型及其主要影响要素的分析，综合确定本书的三个重点研究问题（图3.0–1）：

重点问题1——社会基础、文化层面、生活层面与公共空间之间的相互影响关系（第3章）

重点问题2——公共空间宏观景观体系塑造与其重要影响要素之间的关系（第4章）

重点问题3——公共空间微观物质空间与意象塑造的关系（第5章）

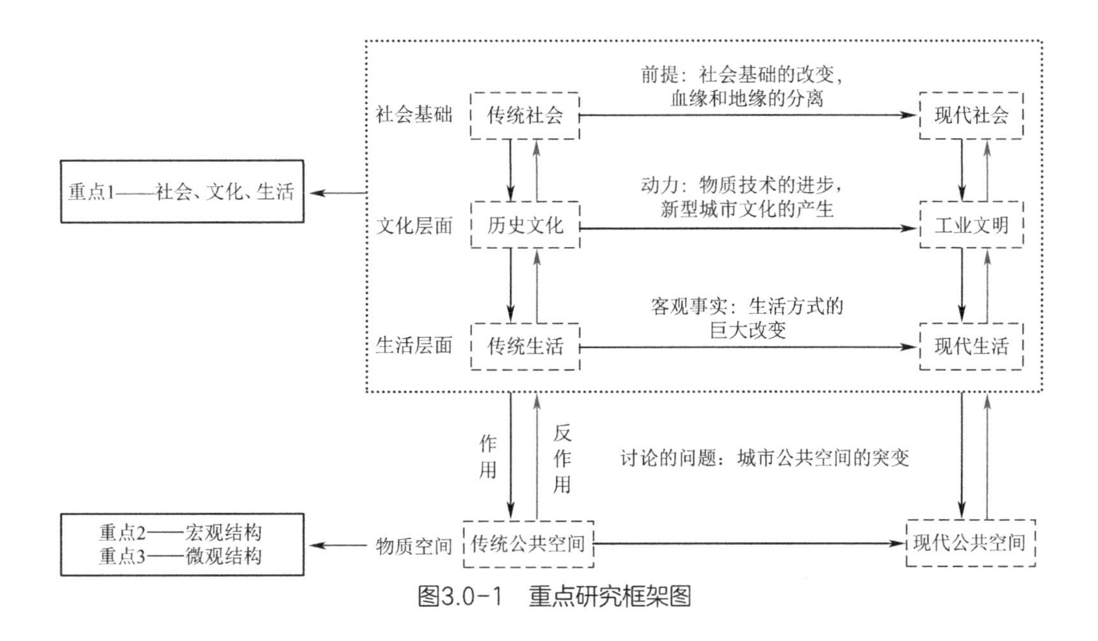

图3.0-1　重点研究框架图

重点问题1——社会基础、文化层面、生活层面与公共空间之间的相互影响关系

针对前两章确定的主要问题，从三个层面分别进行研究并予以解决：

城市文化是在一定的社会基础上形成的，城市生活是社会形态与城市文化的客观反映和体现。

在城市发展过程中，首先改变的是社会层面的基础结构，社会基础的改变导致文化的进步、发展和改变，同时社会和文化二者作为精神层面的要素共同改变着人们的生活方式。

公共生活的改变决定了公共空间的发展。

公共空间影响着人们的公共交往和生活，在生活发生改变的同时，公共空间也随之发生适应性的改变；同时公共空间反作用于生活，引导城市生活的改变。在当代中国，因受到物质文明飞速进步和国际化的影响，公共空间对公共生活的反作用力表现非常强劲，对自然形态下的城市发展脉络具有极大的影响甚至破坏。

在本书中，希望通过对传统和现代的非空间要素，包括社会基础、文化层面、生活层面与公共空间的关系，进行相关的讨论和研究，从中寻找现代城市物质外皮下能够体现传统城市地方特色的城市精神和文化因子。

纵向线索

在城市完全改变的公共空间这个舞台上，怎样的“公共生活”在此上演，同时传统城市现代复杂丰富的城市生活需要怎样的物质公共空间与其相适应，是这一部分研究的两条“互逆性”主线。

3.1 社会层面——乡土社会与现代社会

3.1.1 血缘和地缘

1. 血缘

以家庭为中心，按照血缘关系向外递减的圈层，这个关系奠定了乡土社会基本的社会活动框架，人们在这个框架内按照自己的需求对其进行适应和改造。

（1）人和人的权利与义务是靠亲属关系决定的；

（2）血缘是身份社会的基础；

（3）血缘所决定的社会地位不容个人选择；

（4）在亲密的血缘社会中商业是不能存在的；

（5）圈层式的社会关系（图 3.1–1）。

私：家庭—街坊—圈层式是相对固定的公共空间圈层。公共交往以家庭为中心，向外圈层扩展，根据个人所需，在群层内公共交往由邻里到街坊，由街坊向更大的圈层扩展。不需要也不存在大型的公共交往，每个家庭根据其各自身份和需求有固定的圈层范围。

图3.1–1　以血缘为基础的圈层式乡土社会框架

2. 地缘

（1）地缘是从商业生长出来的社会关系；

（2）地缘是契约社会的基础（图 3.1–2）；

（3）血缘和地缘逐渐分离，文化、生活出现多元性。

团体：国家是唯一特殊的群体界线。公共交往以个人组成的团体为单位，彼此之间相互关联、交叉。人们公共交往的圈层是极其之大的，在圈层之内的人们是平等的。公共交往具有更大的多元性和开放性。

图3.1-2 以地缘为基础的契约社会框架

3. 血缘与地缘的完全分离

从血缘结合转变为地缘结合是社会性质的转变，也是社会历史上一个大的转变。

地缘与血缘的分离，破坏了原有以“熟识”为交往基础的传统乡土关系。以契约形式构建的社会关系，加强了个人之间的合作，以此促进了城市和商业文化的产生和发展。

3.1.2 城市社会发展脉络

1. 子城时期

（1）发展历史

西晋永嘉之乱，中原汉族大批南迁，使得泉州成为多民族的融合之地，此时的泉州逐渐由血缘和地缘相统一走向地缘与血缘碰撞并分离的历史过程。在这样的历史背景下，泉州的商业得以发展，到了唐代，泉州就成为中国对外通航通商的主要港口之一。

（2）公共空间

中国传统城市空间模式，表现出明显的空间等级性。官署衙门位于城市中的核心位置，城市的规模较小。此时泉州城内十字街为主要的公共空间构架（图 3.1-3）。人们的公共活动主要集中在十字街、巷落和半公共性院落空间中。

（3）公共交往与空间

泉州在地缘与血缘分离的基础上建立，由于规模较小，与城市生活相关的公共空间不多。城市主要承载商业性公共交往活动，整体城市认同特性较少。

2. 罗城时期

（1）发展历史

宋元时期泉州已经发展为“海上丝绸之路”的“东方第一大港”，呈现“涨海声中万状国商”“市井十洲人”的通商盛况，促进了泉州与外域之间经济、文化交流的空前繁荣，在泉州人的血液中留下了难得的商业经济、文化和历史基因。

东西方海洋文明的交汇互动，在泉州原有多元文化的基础上，城市文化、经济、社会关系表现得更为开放。

（2）公共空间

泉州在子城时期的基础上，经过不断的扩建，在宋代形成罗城基本结构，并筑有城墙和七门。

公共空间除原有的十字街构成的网络形状街道公共空间外，开元寺、清净寺等寺庙附属的大型院落空间成为主要的城市公共空间类型（图 3.1–4）。同时受对外贸易的影响，沿街的商业活动空间也逐渐得到发展。

（3）公共交往与空间

在成为商业中心的同时，宗教文化发展壮大，同时在城市范围内受到血缘宗族的影响，仍保留了血缘基础单元与地缘社会结构之间的关系，出现多种宗教并存的局面。泉州成为重要的公共商业活动、文化活动、宗教活动中心。

3. 现有城区时期

（1）发展历史

近现代受到西方工业文明的影响和冲击，泉州城市化进程迅速，同时城市模式和文明越来越表现出与血缘脱节的契约性社会的特征，城市的空洞与冷漠感日益加剧。

（2）公共空间

近几十年来，泉州城市规模飞速发展和扩张，城市面积迅猛增加，城市空间结构发生了很大的变化（图 3.1–5）。公共空间类型丰富，城市广场、公园、居住区半开放公共空间不断涌现，但传统公共空间中，大型公共建筑附属院落和人行街道等公共空间和相应的优秀品质没有得到继承。

（3）公共交往与空间

城市生活性要求日益增加，需求也日益多元化。在家庭收缩的同时，血缘单元逐渐受限，但对比中原城市仍具有较强的凝聚力。此时泉州作为地缘社会的核心，为周边地区提供商业、文化和娱乐性空间。但随着人们对休闲宜居空间的向往，与高品质的公共生活相比，泉州公共空间的理念、规划与建设严重滞后。

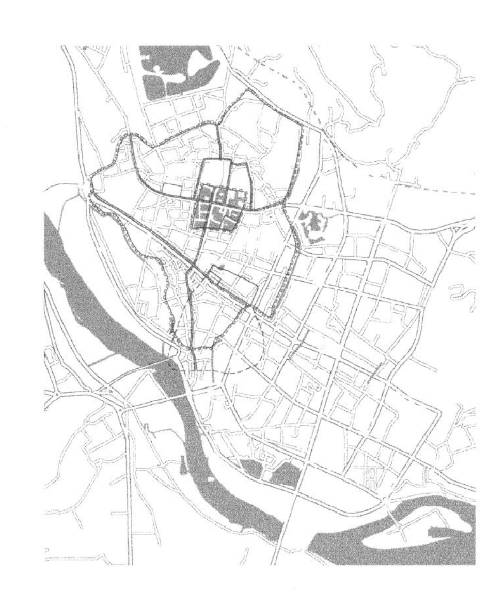

图3.1-3　子城时期

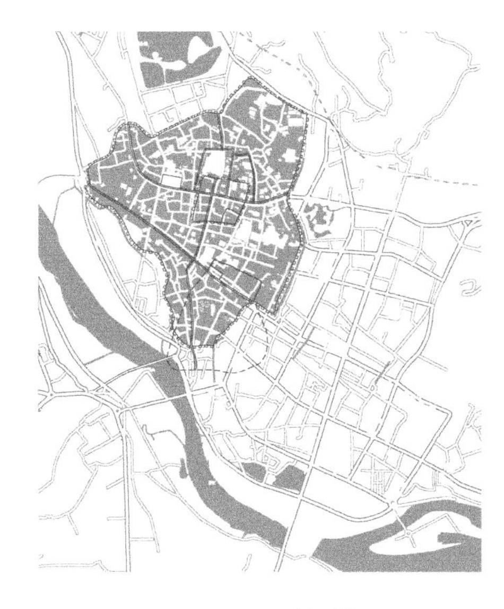

图3.1-4　罗城时期

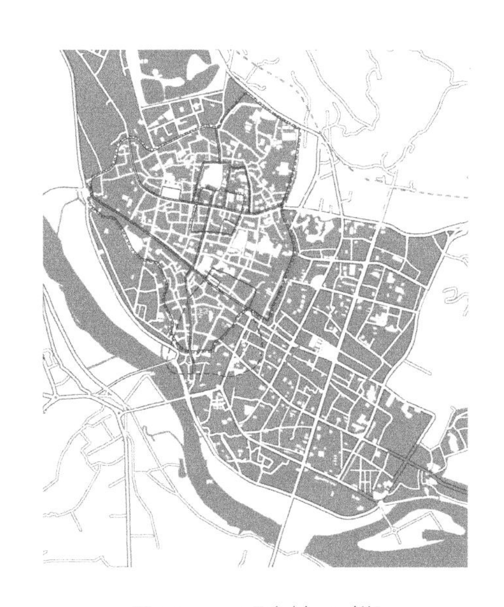

图3.1-5　现有城区时期

4. 发展历史总结

泉州在整个发展过程中，由于大量外来人口的流入，在地缘与血缘分离的基础上，泉州商业得到较大的发展。泉州也由乡土社会逐层向契约社会转变（图 3.1–6）。

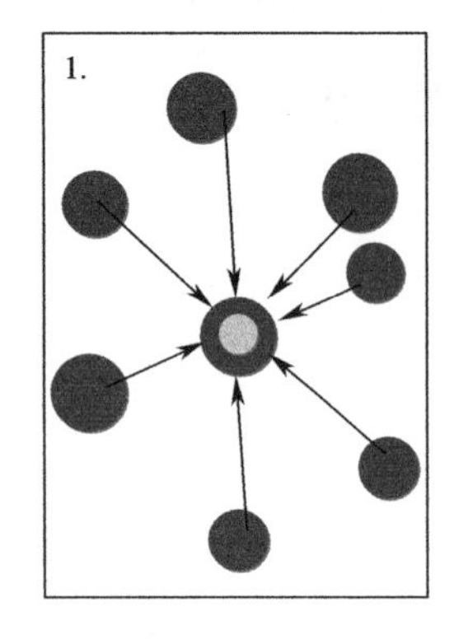

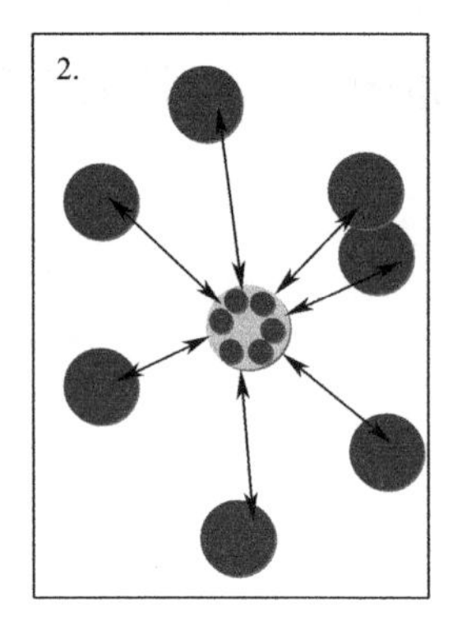

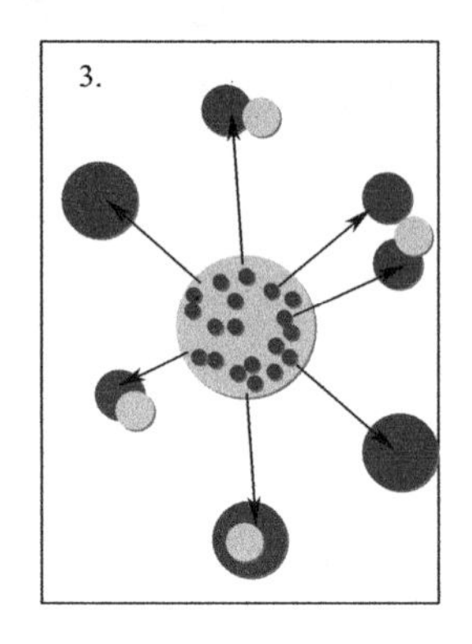

地缘契约社会

血缘乡土社会

影响力

图3.1-6　泉州历史发展过程

泉州在不断扩展的同时，以民营经济为基础的城市边缘依然保留着以家族为单元的乡土社会特征。血缘社会特征明显，并对泉州中心城市文化背景产生了渗透。

当代泉州对周边乡土社会群具有较强的影响力，是“大泉州”的核心，它为周边区域提供一定的商业贸易场所，同时也为周边提供休闲娱乐、公共交流、文化交往等各层面的物质空间公共设施。泉州由一个原始的交易中心转变为一个综合性的城市功能区，在当代泉州城内与郊区保留的原有乡土社会的传统文化和空间物质遗迹，代表了泉州极其独特的社会结构，对于传统文化生活具有重要的价值意义。

3.1.3 传统与现代社会基础导致的差异性

城市自身产生的社会基础应该是地缘的，是与以血缘为基础的乡土社会相对立的。在中国分别表现为城市与农村两种社会形式。

但是，“从基层上看，中国是乡土的。”（费孝通《乡土中国》）从某种意义上讲，中国的传统文化、习俗、生活和空间都是以最基层的乡土文化作为基础。

近代中国城市受全球化影响，发生了深刻的变化。对比中国传统社会和现代社会（表 3.1–1），由传统到现代的转变可以说是中国城市的社会基础由受血缘深刻影响逐渐走向地缘性和契约性，是城市文化和生活逐渐向开放性和多元化转变的缩影。

传统社会与现代社会对比 表3.1-1

社会形态	传统社会（乡土、礼俗社会）	现代社会（法理社会）
定义	血缘和地缘相统一，极少的人口流动，是地域文化的代表	血缘和地缘分离，人口流动较大，是城市文化的代表
社会基础	血缘确定的地位坐标，人和人的交往建立在熟悉的认同感的基础上。社会交往是以家庭为中心的圈层式的发展关系	以家庭为单元的契约社会，人与人之间相对陌生，交往建立在公共事物与生活的基础上。社会交往以功能团体作为基本单元，并相互联系
主要特征	稳定的，缺乏变动。社会生活富于地方性；区域间联络少，生活隔离，血缘圈层外保持着相对孤立的社会圈子	动态强烈，变化迅速。社会生活趋向国际化，个人的独立性和流动性强，社会生活重叠较大
城市文化	单一文化特质，保守，可延续性强	多元文化，具有较强的包容性和开放性，但传统文化在多元环境中缺乏特殊优势，需要以特别措施加以扶持
城市生活	生活表现出一定的功利性，公共文化生活多以宗教为基础和背景，目的在于血缘家庭自身物质生活需求的满足	物质需求层出不穷的同时，在文化、精神层面提出更高层次的要求。人们对公共生活有主动寻求的态度
城市空间	具有明确的方位等级和传统方格网状城市结构。城市规模不大，周边人口表现为分散的聚落形态	突出高效、生态、生产等特征，城市空间结构呈现多样性。规模大，不同区域之间有机联系和融合
公共空间	内向、半公共性结构突出，街道和公共建筑附属空间成为主要的公共活动空间	外向型，开放性强。空间类型丰富多样，发展较快

城市的公共交往也由民间基层逐渐发展成现代城市生活的主题。在现代法理社会，丰富多样的公共生活正在城市斑斓的舞台上上演，城市物质公共空间作为各种公共生活的承载体，也呈现出一种适应于现代文化和生活的势态，并不断完善和发展。

对于具有独特历史的城市而言，现有保留的传统城市的空间形式是一种历史文化生活的缩影，其对城市而言，承载了更多文化历史层面的内涵。而面对当代的城市生活，与其社会结构和生活需求相适应的城市公共空间形式才能得以存在并发展。

综上所述，外向性、开放性、多元性是现代中国城市文化生活和公共空间的主要特征和发展趋势。泉州的城市生活已经由内向走向开放，现代人也不再固守原有的生活圈层，而是在积极寻求和享受城市中丰富多彩的公共生活。同时广泛的公共交往和宜人的公共空间也成为城市发展竞争力的重要因子之一。

3.2 文化层面——城市文化与精神内涵

3.2.1 全球化体系下的文明冲突

“21世纪世界冲突的主题将不再是政治，尤其不再是政治意识形态之间的冲突，不是社会主义和资本主义的冲突，而是文明的冲突！”

——萨缪尔·亨廷顿

全球化的城市进程中，在精神文明和物质文明不断进步的过程中，以科学技术为基础的物质文明是无国界的，而地域文化和民族文化所造成的精神文明差异和对立日益被人们所重视。

“文明的界定是以传统的宗教信仰或者传统的价值观作为根本依托的”。对于泉州来讲，其多元的宗教文化和历史造就的传统价值观是精神文明领域极其突出的要点，同时这两点也直接影响着泉州人的生活方式、公共生活类型和特征，从而对公共空间提出适应性的要求。

在对全球化体系下文明冲突的基础认知上，选择宗教信仰及其带动的文化和价值观这两个文明的主要界定要素，对泉州的文化层面内涵进行相应的解析和探讨（图3.2-1）。

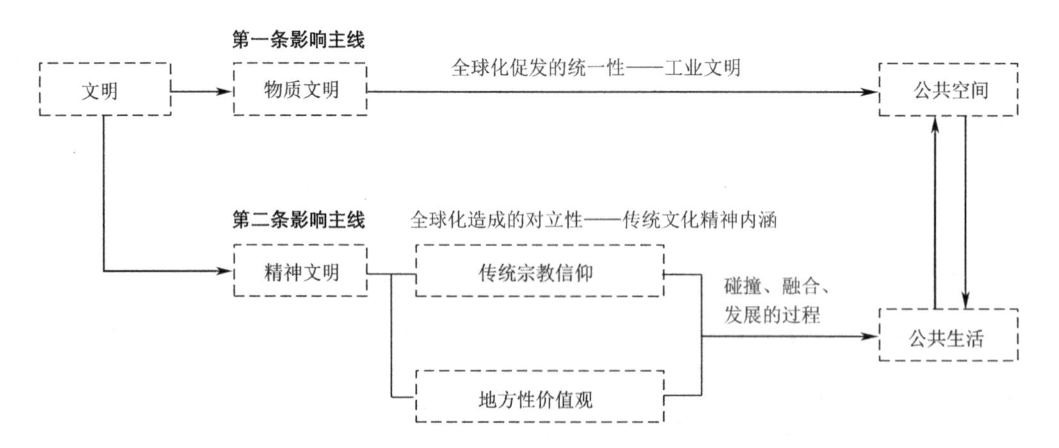

图3.2-1 文化层面对公共空间的两种影响方式

城市公共空间受物质文明和精神文明两条主线的影响：

第一条影响主线是现代城市空间发展的典型线路，即城市空间直接受全球物质文明的影响而发生改变。在中国，这条影响线路的表现尤其突出，单纯受物质文明影响的公共空间必然指向全球化和统一性。

第二条影响主线是精神文明的影响，即精神层面以地方性的传统宗教信仰和价值观为核心，直接作用于人们的公共生活，根据生活需求而影响城市公共空间的产生和塑造。这条线路的影响是从无形到有形的过程，其产生的空间效果具有地方性和独特性，同时其作用过程也较前者漫长。

城市公共空间往往受到物质文明和精神文明的共同作用，但是由于西方工业文明的影响，第一条影响主线影响力尤其突出。因此，本书希望通过对精神文化层面的探索，寻找城市公共空间的独特性和地方性。

3.2.2 传统宗教信仰与多元的文化特征

1. 宗教信仰与地方文化

宗教是人类文化的重要渊源和组成部分，对人类文化的发展产生了极其重大的影响。在泉州开放包容的社会基础上，宗教信仰同样表现出极大的多元性，不分彼此，相互渗透。因此泉州被称为世界“宗教”博物馆。泉州宗教特点表现为多元性、移民性、对外辐射性及较强的功利性。其宗教的功利性，推动了泉州宗教文化长久以来的发展，其对于宗教信仰的艺术化、生活化，使其在当今的泉州老城区公共空间内有所继承。

泉州的文化形态与其多元盛行的宗教形态有着重要的联系性，主要表现为以下方面：

（1）海洋文明：海洋文明促进多元性宗教文化的产生。

（2）文化艺术：随着宗教伴生的戏曲等各种民间艺术形式。

（3）侨文化：泉州是著名的侨乡，侨文化对其传统文化的延续具有重要意义。

（4）民风民俗：传统民俗的延续性，在城市新区设计中应考虑赋予其合理的形式和活动空间，要考虑其与现代生活的适应和协调。

2. 宗教与文化多元化特征下的公共生活与空间

泉州古城范围至今保存着大量与宗教相关的公共空间，不仅完好地展示了泉州传统大型院落空间的外观形态，同时也使传统的宗教性公共生活得以继承下来。

宗教性院落空间，至今依然保留着浓郁的宗教和文化生活气息；今天，在开元寺、关帝庙中依然可以看到络绎不绝的香客、提着文鸟的算命老先生，在传统街巷中众多的佛龛、铺镜依然与周边人们的生活息息相关。每逢宗礼节庆，在传统大型公共空间和街巷中，人们载歌载舞，热闹非凡，民族文化气息洋溢其间。此时，宗教活动很大程度上以一种文化、艺术甚至生活的形态得以延续和发展，在新区建设中应考虑其在文化层面的延续。

在新区，尽管这些公共生活的舞台或者变化或者消失，但在文化层面的影响确实延续下来了，在新区建设中必然要为其提供不一样的、更大、更适合的舞台。

3.2.3 传统价值体系与公共空间

1. 传统价值体系

（1）拼搏精神

海洋文明是为历史背景所雕琢的创业拼搏精神，是泉州人在物质相对贫瘠的地理环境中养成的基本的生存性格。从海上丝绸之路的开辟延续至今，泉州城的几度兴衰、人口的几度迁入融合与海外迁移，对泉州人的生活有着极其重要的影响，但拼搏进取的海洋精神依然清晰明朗。

（2）重商精神

在拼搏创业精神的支撑下，泉州商业文化极其突出，民营经济发展迅速，大到家族集团小到街头小商小贩，泉州人自我价值的实现与泉州商业、私人经济等有着密切的联系。

（3）逸乐精神

逸乐亦是一种以人为本的体现，一种舒适宜人、热闹亲切的浓郁生活场景。相对于传统价值体系，逸乐偏于民间层次，与传统概念的“雅文化”相对应，是以民俗为基础的民间日常游憩活动。现代城市环境中，出于对人居品质的关注，通过对公共生活和空间的营造，逸乐已经发展成为传统价值体系的有效补充，甚至成为部分城市的支柱性价值取向。逸乐作为价值体系的引导，对城市公共空间应提出更为细致和人性的要求。而泉州的逸乐文化与生活在大的文化背景中相对欠缺，逸乐性公共空间和公共设施的缺乏与落后，导致泉州的宜居和宜游空间品质不高，在城市生活舒适性方面造成不良影响。

2. 价值体系下的城市公共生活与空间

泉州传统社会文化价值观导致对公共空间的使用率不高，使用人群大多为老人和儿童，同时对公共空间的使用具有明显的阶段性，工薪阶层对公共空间的使用时间大多为晚上，老人和儿童公共活动大多为白天。

现代多元开放、轻松逸乐的文化需求，需要更多、更丰富的城市公共空间，在文化精神层面对物质空间也提出了更高的要求。泉州与此相关的城市公共空间品质不高、数量有限，因此泉州人的逸乐生活迫切需要更多高品质的公共空间。泉州自古存在大量的商业空间，但与当今社会需求相匹配的高品质商业空间却极其匮乏，至今泉州依然没有一条环境较为舒适的步行商业街。另外，以海洋文明为基础的泉州拼搏精神，是泉州人的主要价值观，但以海洋文明、海丝文化为主题的公共空间相对欠缺，原有港口遗址等重要历史遗存保护和发展无法匹配城市的文化定位。

3.3 生活层面——使用需求与远景构想

3.3.1 城市公共空间的三重需求

1. 使用层面需求——舒适

物质空间是人们公共生活需要最基本的层面，公共活动中情感交流和精神需求建立在高品质的物质空间基础上，其物质空间的舒适性、宜人性是公共生活舒适性的前提。其舒适感需求对公共空间的设计要求如下：

（1）自然气候、地形特征的适应性；

（2）公共空间景观结构体系类型多、数量足、分布广；

（3）公共空间交通可达性；

（4）公共空间的高品质和合理的公共设施布局。

物质空间层次基本需求的具体研究和实施目录将作为本书重点，在后续章节中详细探讨。

2. 情感层面需求——交流

与人接触的需求是群体社会中人类心理的一种基本情感需求，人们需要得到彼此的理解，在地缘社会中，公共空间是拉近陌生人沟通交流的纽带。因此以情感交流为目的的公共生活对公共空间提出的设计要求如下：

（1）熟人之间，陌生人之间，对公共空间需求不同，一般划分为私密与半私密空间，以适应不同的心理需求。由此对空间等级、序列、组织划分等形成多样、丰富的设计要求。

（2）个人与空间之间的交流，需要对空间产生熟知的场所感。不同关系的人，对公共空间基本的尺度、比例、形态以及构成要素的需求不同，例如母子之间、恋人之间、朋友之间对物质空间的需求具有一定的差异性。

3. 灵魂层面需求——精神

现代城市生活是丰富多样的，在满足使用及情感层面的同时，人们需要精神世界的空间载体来满足自身的灵魂需要。

对传统生活记忆的追溯，对特殊文化情节及精神的渴求，对个人价值实现的满足，都属于灵魂层面的需求。在城市公共空间中，对灵魂层面的需求是不断变化的。传统城市公共空间当中，寺庙院落空间是精神文化的重要载体。而在中国城市中，欧洲的广场作为典型出现在中国现代城区中，如丰泽广场以典型的欧洲大尺度广场的形式出现，已经表现出与气候和当地民众需求相矛盾。

在微观层面，什么样的城市公共空间能适应泉州当地的自然、社会、文化和生活的需求，将是本书研究的重要问题之一，并针对以上需求提出空间塑造方面的策略和建议。

3.3.2 城市公共生活构想

1. 街道（表3.3-1）

泉州街道生活场景构想分析 表3.3-1

	泉州传统城区	泉州现代城区	典型优秀现代城市生活推荐
街头场景示意	 	 	 
三重需求现状	**使用：**人行为主导，尺度亲切宜人；主要街头空间以骑楼和商业空间为主，鼓励提升商业功能的品质。 **情感：**小巷中具有浓郁的生活气息；主要街头空间的商业氛围促进了城市活动的发生；建筑的活动与街头的活动相互融合。 **灵魂：**传统街巷中铺镜等传统宗教设施的保存，赋予更高的地方凝聚力	**使用：**车行为主导，街道空间大多作为停车空间使用。 **情感：**居住区内向封闭设计，单调的空间格局隔断了生活与街道之间的联系。 **灵魂：**文化、娱乐、休闲设施的统一设置，单纯的车行主导式交通，使现代城区街头空间公共活动单一，精神文化食粮匮乏	**使用：**车行与人行交通的分流，互不干扰；独立的步行系统形式；非交通性的城市纯步行空间。 **情感：**舒适宜人、安静清新的步行环境，适宜情感交流、公共交往、文化与娱乐生活；街头空间是城市交通职能和城市公共生活的有机结合体。 **灵魂：**文化艺术活动、街头日常生活与街头空间的结合，具有宜人的地域场景和精神文化特征
相关问题、策略及建议	泉州传统街巷中，除城市干道外，以步行交通为主，大多为保存完好的传统居住区；在传统街巷中，保存乡土的生活方式，成为传统生活的“博物馆”。 车行交通对传统城区道路的割裂，使传统的商业街道为主体的大部分公共空间失去了原有宜人的生活和空间氛围，阻碍了街头活动的发生	作为城市空间的脉络性要素，街道及街头空间的品质是促进城市公共空间和生活发生的关键。 现代城区车行为主导的交通模式，刻板和单调的街道空间及环境设施，使城市街道自身应有的公共性和服务功能丧失，街头空间应有的舒适、轻松、宜人的生活氛围不复存在	综合推荐的城市街头场景： 车行交通得到有效控制； 步行道路的功能复合性； 临街建筑功能与街头生活的融合； 文化、娱乐活动与街头生活的融合

2. 广场（表3.3-2）

泉州城市广场生活场景构想分析　　表3.3-2

	泉州传统城区	泉州现代城区	典型优秀现代城市生活推荐
广场场景示意	 	 	 
三重需求现状	**使用：**广场主要承担居民的休闲、娱乐、集散等活动，部分用作停车。 **情感：**广场大多与宗教建筑结合，具有舒适宜人的空间生活氛围和文化内涵。部分街头广场受设计和交通影响，空间氛围不能满足情感需求。 **灵魂：**与传统建筑结合的广场中，具有强烈的归属感，同时能够满足人们精神层面的需求	**使用：**以商业、文化等核心建筑为主体，城市广场大多承担停车功能。同时主题性广场承担交通集散和城市景观、形象等特殊含义的用途。 **情感：**没有经过改造设计的广场大多承担了非常次要的公共交往活动，而过多的城市生活在建筑空间内部发生。 **灵魂：**空洞、疏离、乏味；缺乏人性化、以促进城市公共交往为目的的空间	**使用：**居民生活和城市活动相融合，城市小型广场与居住区结合；高绿地率城市广场提供了更为自然和生态的空间。 **情感：**城市公共空间亲切化、生态化和自然化，满足人们亲近自然和舒适交往的需求；同时鼓励并引入文化、艺术、娱乐等活动。 **灵魂：**引导人们追求更为人性和自由的生活
相关问题、策略及建议	传统区域的城市广场大多为后建，有效补充了传统城市区域的城市生活和空间，广场主要活动为居民休闲等，同时结合保留的传统寺庙等建筑空间，使广场具有浓郁的传统生活、文化和精神氛围以及地方特色	城市广场生活呈现单一化和功利性，市民的生活气息不够浓厚，缺乏人情味；停车空间缺乏规划，影响城市公共空间的实际使用效果	综合推荐的城市广场场景： 避免车行交通的干扰； 广场功能复合性，为市民提供聚会、交往的户外空间； 文化、娱乐活动与广场公共生活相融合； 户外广场能为周边建筑内的人群提供充足的休闲空间

3. 大型公共建筑附属公共空间（表3.3–3）

泉州公共建筑附属公共空间生活场景构想分析　　表3.3–3

	泉州传统城区	泉州现代城区	典型优秀现代城市生活推荐
大型公共建筑附属公共空间场景示意	 	 	 
三重需求现状	**使用：**重大节日、宗教信仰和平时休憩活动的公共聚集空间。 **情感：**在传统公共建筑院落空间中，高绿化的院落空间创造了宜人的交流空间；有共同信仰的人在此交流。 **灵魂：**以寺庙为主题的公共建筑院落中，社会记忆和文化记忆得以保留，成为一种城市文化获取和感知的公共空间	**使用：**大型公共建筑附属院落空间在泉州新区比较少见，更多的是国际化的城市广场，同时部分空间也在向公园形态转变。 **情感：**传统院落空间缺失，情感层面的需求向其他公共空间转化。 **灵魂：**公共空间不承担宗教信仰的精神需求，更多以现代娱乐、休闲等生活性氛围为主	**使用：**公共活动的内容与公共建筑主题有较大的关系，大多为形象展示等景观功能，但应强调景观与活动的结合，单纯的景观及无活动需求是非人性化和无实际使用价值的。 **情感：**私密与开放自由结合，满足不同圈层和团体的交往需求。 **灵魂：**精神空间依靠丰富的公共生活情趣来充实，并追求独立自主的思想
相关问题、策略及建议	具有典型的主题特征，城市生活主要以宗教信仰相关活动以及休闲娱乐活动为主，公共生活主题明确、丰富，使人享受传统精神信仰和人文气息的熏陶	大型的院落空间基本消失，城市形态转向开放，公共空间缺乏等级性，缺乏半私密性的公共交往空间；人们在与传统迥异的城市空间中，在使用、情感和灵魂层面均有不同的需求	综合推荐的院落空间场景： **关于新区公共建筑附属公共空间形态：**对于公共建筑附属院落空间，并非要求其在城市新区模仿重建，而是在空间形态方面继承原有城市空间的优点，结合更新用以指导新的城市公共空间设计。 **关于公共建筑附属公共空间的生活：**院落空间的关键价值在于为人们提供宜人的私密和半私密空间，从而满足人在不同心理层面上的公共交往需求

3.4 公共空间改造案例研究

3.4.1 南片居住区——以居住使用为核心的空间改造与继承

1. 社会层面

传统地缘社会的邻里关系是相互熟识、内向型交往。现代城市结构中邻里关系趋于陌生和淡化。南片居住区的改造试图采用现代的物质技术，构建传统熟识的邻里关系和与现代开放型公共需求相结合的居住区氛围。

2. 生活层面

交通方式的转变促使居住区道路形态的转变：现代交通方式发生了巨大的转变，私家车的快速发展使传统街巷尺度不能满足车行交通的基本需求，因此传统街巷形态的尺度与现代车行交通方式相矛盾，物质生活水准的提升对居住区公共交往空间提出新的要求。基于现实情况，南片居住区道路的尺度基本满足通车需求，同时建筑以 4 ～ 5 层为主，这样形成的街道空间比例，依然给人一种传统街巷的亲切感。

对公共环境设施的新要求：原有居住区中，缺乏集中的绿化设施，绿化主要以院落内的家庭式为主。在南片居住区的设计中，住宅建筑周边设置了丰富的小尺度绿化，整个环境舒适宜人，更有传统小巷曲径通幽的氛围（图 3.4–1）。

图3.4–1　泉州市南片居住区现状场景

3. 文化层面

对于传统邻里关系的保留：在传统城市居住区中，从建筑立面和空间形式上都极力营造传统的泉州印象，C字形的住宅平面布局，入口设置开敞的院门，形成小的院落，给居民强烈的归属感，同时小的院落成为邻里交往最频繁的公共空间，现代单元楼内邻里间的陌生感在此荡然无存。

对于熟识的生活气息的延续：浓郁的生活氛围是传统城市居住区的典型特征。南片居住区的居民基本为原住回迁居民，邻里间彼此熟识。他们有着彼此了解的基础，小区洋溢着浓郁的人情味，院落、街巷之中，熟人之间时常碰面，街头巷尾的公共空间成为邻里间交流信息、沟通感情的场所，传统浓郁的生活场景在这样的空间中予以保留和延续。

4. 空间层面

对物质空间的设计主要表现为院落空间的引用及街道空间尺度的保留。

3.4.2 文庙广场——以使用和情感需求为核心的公共空间改造与继承

1. 社会层面

泉州现代城市已经发展成为典型的地缘社会，主动寻求型的城市交往是现代生活的重要需求。

2. 生活层面

生活方式的改变需要新的城市空间与之相适应。在此前提下，搬迁原有的菜市场，设置统一的市场，延续至今已发展成为超市的空间形态（图 3.4–2）。城市公共文化活动需要更大和更为开放的空间来承载人们的文化娱乐休闲生活，由此城市生活方式的转变引发了城市空间结构的重组。

3. 文化层面

传统空间结构的保留为传统公共生活的延续提供了物质空间载体。整体改造过程又是一项对历史文化遗产的保护和更新工作。在空间改造过程中，保留原有文庙旧貌，维护传统庙宇空间，传统公共宗教生活在传统物质空间中得以延续（图 3.4–3）。戏曲、茶道等传统生活在文庙中以文化的形式存在。

图3.4-2　文庙广场改造前状况

图3.4-3　文庙广场改造后状况

4. 空间层面

引入新的空间结构，与传统公共空间相结合：对城市开敞空间进行整合，主体空间中的传统建筑保持原貌进行旁侧外移，形成新的城市广场空间结构。同时在空间等级和序列上也结合传统空间形式和建筑元素，进行相应的主题性设计，在视觉上构成统一性和延展性。

增设停车、舞台、商业、娱乐等公共设施，以适应现代生活方式：在广场主入口设有商业空间，次入口处设置停车场，以满足现代交通方式的需求。同时广场内部设置娱乐休憩场所和公共设施，为多元化复合活动提供必要的物质空间条件。

私密与半私密空间的结合：新的城市空间结构，广场与传统寺庙院落和公共建筑紧密结合，形成私密与半私密的公共空间，满足人们不同类型交流的心理空间需求。

3.4.3　斯豪堡广场——精神层面赋予城市广场的特殊含义

改造公共空间，文化和现代休闲娱乐的场所、四周活泼开放的建筑立面中包括商店、各种游乐场所的入口和大量的街边咖啡座（图 3.4–4）。同时广场也是城市的大型门厅与舞台，现代工业风格的广场高架灯杆投射在地面上的光斑，产生了极富戏剧性的效果，在灯光下活动的人们，可以感觉世界顿然安静，整个城市都成了自己的舞台，人的精神在这样的空间效果下得以寄托。

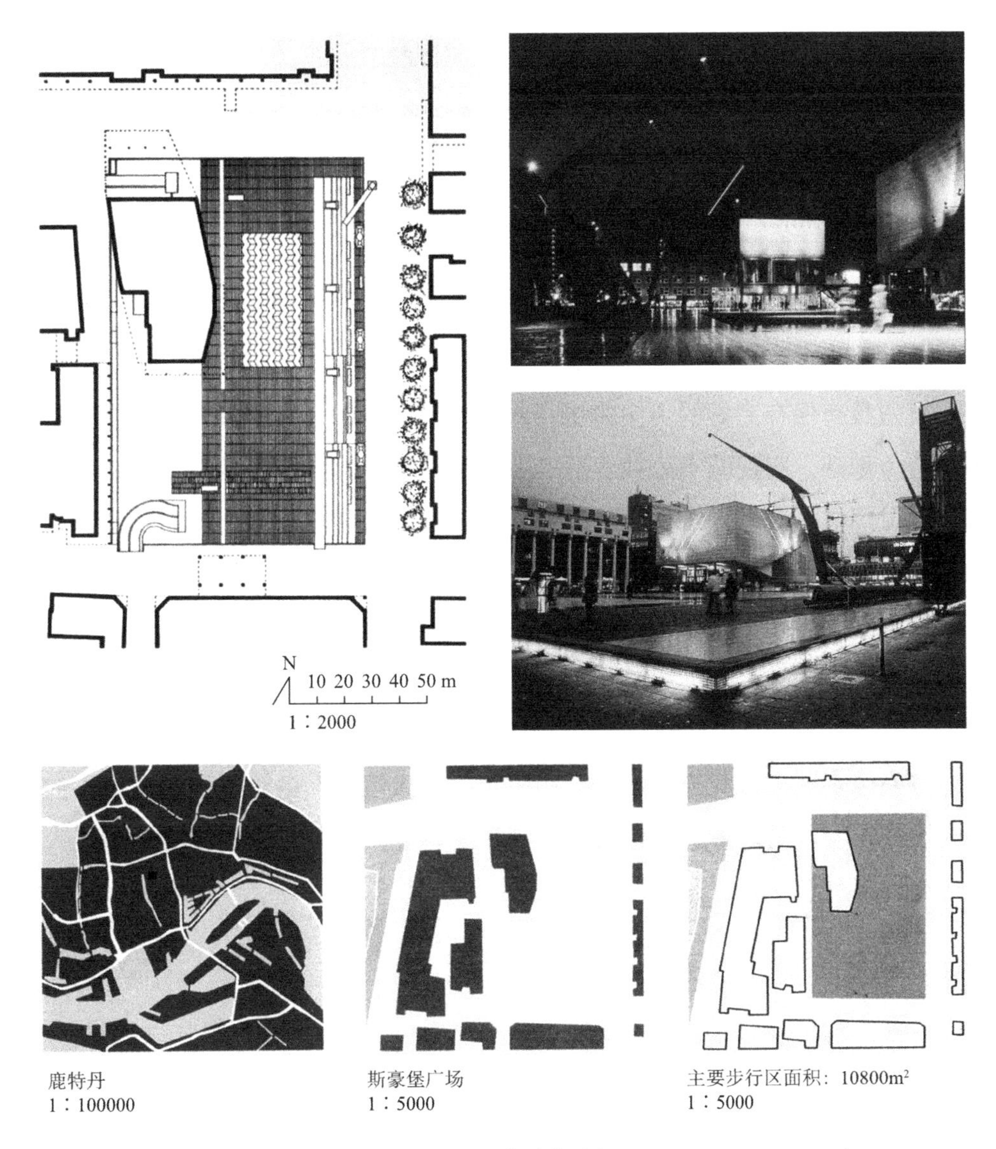

图3.4–4　斯豪堡广场

对于“重点问题1——社会基础、文化层面、生活层面与公共空间之间的相互影响关系”，针对泉州社会、文化、生活的基础性研究之后，综合认为在指导整个公共空间的规划建设中应当遵守如下原则：

第一、以城市社会、文化和生活需求为背景

在城市公共空间的设计中，尤其对于中国具有历史文化底蕴的传统城市，一方面应当遵循社会、文化和生活为指导的原则，并以社会文化生活的客观需求来完成相关城市公共空间的规划和设计工作；另一方面，公共空间的规划设计应该积极配合推动城市社会文化和生活的发展与进步。

第二、以泉州宏观公共空间整体结构为背景，承载多元、开放的社会文化需求

泉州具有保存完好的历史古城，对于传统城区的公共空间设计应以保护更新改造为基础，实现城市公共生活的多元和开放；对于新区的城市公共空间规划与设计同样不应与传统城区割裂看待，应适当和客观考虑对传统文化和生活的延续与发展。

第三、以泉州微观城市公共空间为基本组成单元，体现“人性化—场所感”设计理念

泉州微观城市公共空间的设计应该突出“人性化”的设计原则，以人的活动为设计先导，同时考虑其他设计控制和影响要素，公共空间应尽量满足人的生活交流、逸乐、运动、情感等多层面的各种需求。

公共空间格局
——城市公共空间宏观层面研究

公共空间宏观格局评价体系结构：

结合第一部分对城市公共空间影响要素的综合影响力评价，对其主要影响程度和可操控性进行进一步分析的基础上，确定本次研究宏观体系公共空间的研究要素（图4.0–1）：

首先为公共空间景观体系自身要素特征；

其次为公共空间景观体系与主要三项影响要素的契合关系，包括自然气候和地形、城市综合交通体系和城市定位与意象。

影响要素		主要受影响要点	影响力	作为规划者可操控性
自然要素	气候	公共空间类型、整体布局	强	弱
	地貌	空间布局、空间城市意象	强	弱
社会要素	经济政策	公共空间比例、城市意象、空间格局	强	弱
	社会制度	公共空间比例、空间格局	中	弱
	城市定位	公共空间类型、比例、布局	强	强
空间要素	土地使用	整体布局、空间类型	强	中
	空间结构	公共空间格局体系	强	中
	车行交通	空间格局、序列、类型	强	强

公共空间自身体系要素特征	城市公共空间整体景观结构与布局
与公共空间相关联的契合性要素	公共空间与城市自然特征的契合关系
	公共空间与城市定位和意象的契合关系
	公共空间与城市综合交通的契合关系

图4.0–1　泉州公共空间影响要素分析

4.1 城市自然概况

4.1.1 自然气候

泉州气候的基本特点：

（1）气温高，年平均温度达 20.7℃。

（2）北纬 24° ～25° ，紧邻北回归线。北回归线是太阳在北半球能够直射到的离赤道最远的位置，其纬度值为黄赤交角，是一条纬线，大约在北纬 23.5° 。每年夏至日，太阳直射点在北半球的纬度达到最大，此时正是北半球的盛夏。

（3）光热资源相当丰富。

（4）降水充沛，年平均降水量达到 1200mm，但时空分布不均。

（5）季风气候显著，冬半年盛行偏北风，夏半年盛行偏南风，两者的气候特征截然不同。

4.1.2 地形地貌

1. 泉州市域空间结构

以泉州湾为中心的 4 个圈层结构：

（1）环泉州湾的滨水区圈层，大量滩涂湿地及城市大量空地和城市飞地——未来发展重点区域。

（2）以泉州古城为核心的城市密集建成区圈层，体现在文化价值和经济价值——保护与更新区域。

（3）在西南侧城市建设与生态绿地交织区域，大量村庄用地、农田和林地——生态维持区域。

（4）外围山体环绕，生态圈层。清源山脉作为泉州与南安和厦门的天然行政边界，也是生态边界，严格作为生态保护区——生态保护区域。

2. 泉州中心城区空间结构

泉州古城位于城市密集建设圈层核心位置，清源山、晋江和洛阳江流域作为城市发展的天然屏障，整体生态品质很高。泉州新城部分与两江具有直接关系，与泉州古城的保护性联动生态发展及其自身生态品质的塑造尤为重要。

中心城区水系分布：此外现有城市建设区内具有多条清源山与晋江的联系水系，将地形分割的同时形成良好的城区的次级风廊，也为城区的公共空间建设创造了自然景观优势。

3. 结论

单从城市原有自然面貌来讲，泉州具有良好的自然生态基础和景观优势，山、江、湖、渠等丰富的自然要素浑然天成，以此为基础的城市公共空间具有极高的可塑性。

4.1.3　城市公共空间自然适应性

泉州公共空间与地形地貌的关系较为明显，是望山看水的典型城市。

1. 城市公园与山水相结合

泉州城市自然型公共空间多与山水相结合（图 4.1–1），滨江设置滨江公园、西湖公园等。围绕西湖和东湖、百源川池等分别形成城市公园。建立在山体自然景观的基础上，形成清源山、大坪山等山地公园。

2. 都市型公共空间处于腹地

（1）最早泉州发源腹地

以泉州古城为公共空间核心区，向北侧的河道密集区与西湖公园相连，与古城联系紧密，向南 / 东南联系明显不够。

（2）形态结构发展受地形影响

最早的子城形态为中国传统方格状，受河道等地形的限制，城市逐渐扩张成自由不规则形态。

（3）由腹地向临河—滨江—滨海发展（图 4.1–2）

公共空间主要沿晋江分布发展，古城区的公共空间向外延展力度不够，没有形成公共空间向外的带状联系。

（4）城市公共空间由远离自然向靠近自然发展

泉州老城发源于腹地，城市整体形态呈现由腹地向外围跨江、滨海湾发展的趋势；但目前小型都市型公共空间主要位于现有城区，与腹地城市建设区联系紧密。

图4.1-1 泉州城区水系

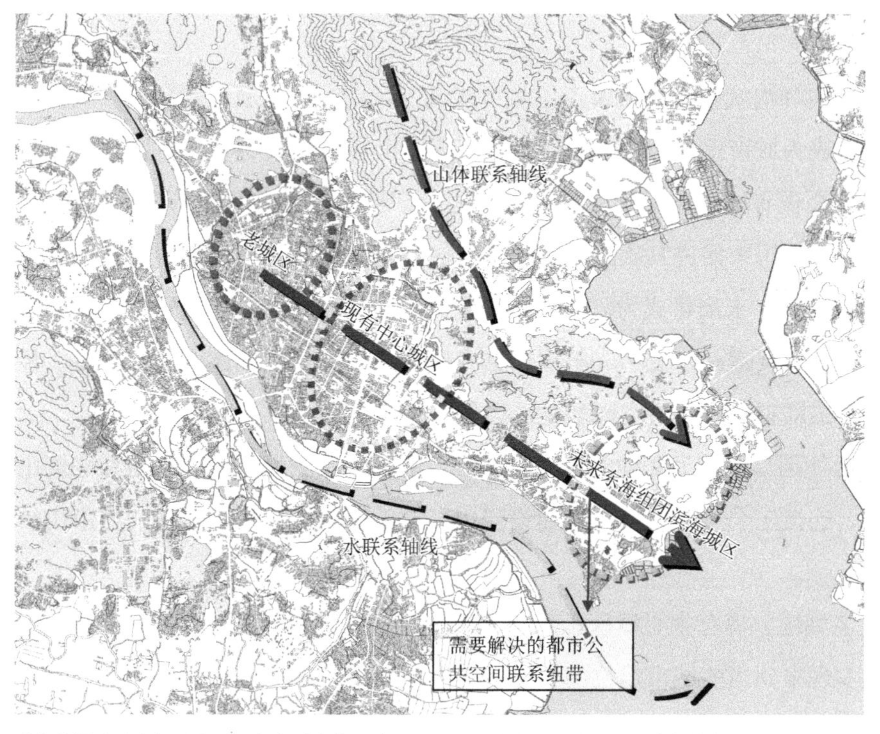

城市外围公共空间具有明显与大型自然要素——山、江结合的趋势，但是城市内部，公共空间与山水生态廊道和景观廊道等的联系性不强，同时空间分布相对零散，缺乏体系性。

图4.1-2 泉州城市发展轴线

4.2 城市功能与文化

4.2.1 城市定位

1. 城市性质

城市性质是国家级历史文化名城和国际性旅游城市，东南沿海工贸中心和港口城市。

2. 泉州定位

产业加服务是泉州主要的城市功能。

3. 古城保护规划

以居住、旅游和商贸为主。

4. 发展建议

未来泉州向环湾城发展，城市定位将可能进一步由产业向服务倾斜，因此公共空间的塑造也成为城市想象由腹地滨江型向滨海城市转变的重要手段和关键一环。

泉州古城在现有城市意象较为明确的前提下，未来需要靠公共空间和公共服务设施的不断更新完善来促进其旅游的发展和居住环境的改善。

现有中心城区在未来将成为联系古城和东海组团滨海城区的中间纽带，在公共空间的塑造上，需要进一步完善和解决公共空间意象模糊、空间比例明显不足、传统部分空间形式断裂、城中村空间环境品质低下等诸多问题。

泉州城区外围具有较为明确的生态功能带，濒临晋江的城市绿化廊道和北侧山体廊道轴线，连接三个城区，而城市建设当中，缺乏以公共空间为依托的城市生活联系系统。

如何在老城区、现有中心城区、未来城市区域之间构筑一条城市公共空间联系纽带，也是实现泉州当前城市定位的关键之一。

4.2.2 城市意象

古代“海上丝绸之路”的起点，是国务院第一批公布的24个历史文化名城之一，古代有“海滨邹鲁”的美誉。

1. 主体意象

通过泉州现状给人的印象调查，统计发现泉州最突出的城市意象是古城（图4.2–1），同时海丝文化和产业、创业城市是在文化含义上给人的突出印象。

2. 相关问题分析

作为泉州规划目标的服务、旅游、人居环境的塑造明显不足（图4.2–2），而这些都与城市公共空间有着密切关系。新区缺乏主题性的城市广场等公共空间，因此难以塑造城市主题印象，缺乏优质的公共空间等配套和旅游服务设施，束缚了旅游产业的发展，缺乏宜人的居住环境也无法提高人居生活品质，造成部分居民向厦门等地的居住外迁。

图4.2–1　泉州传统城区的意象

图4.2–2　泉州现代城区的意象

4.3 城市综合交通

4.3.1 道路整体结构

泉州中心城区现有城市主、次干道长度约 360km，主、次干支路的级配关系为 1 ∶ 0.2 ∶ 1.46，次干路比例偏低，道路面积率 11.25%，高于全国 7.82% 的平均水平，这一点也证实了泉州以街道为主要公共空间的类型。晋江以北城区的干道网络基本上形成了不规则方格网布局（图 4.3–1）。

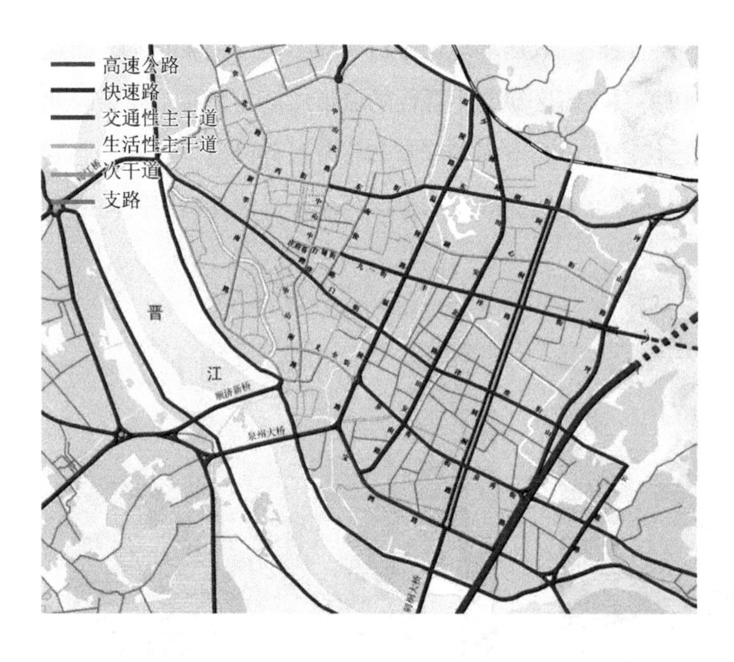

图4.3–1　泉州现状交通图

由于泉州是全国首批历史文化名城，城市建成区中保留了较大规模的古建筑及历史风貌建筑，使古城范围内城市建设的力度始终较低，大量道路仅达到支路等级，主要交通方式以步行和非机动车行方式为主，大量的传统街巷生活也在此得以保存。

新区道路等级明显高于古城，以车行交通方式为主，随着私家车日益增多的影响，交通干道均设置围栏，限制行人横穿干道，加之人行横道设置不足，主要以部分过街天桥的形式解决人行问题，给人们的生活带来极大的不便。而一味地以车行交通优先的交通政策，车多修路、设置围栏的方式，并没有解决道路通行堵塞、道路使用率低下的局面。尤其是在古城区，在无路可建、无路可扩的情况下，道路原有的生活氛围惨遭破坏。

结论：在这样的道路交通体系下，泉州道路氛围和街头空间的使用受到巨大的影响，由于车行流量较大，摩托车等交通工具的使用，产生大量的尾气和噪声污染，从而使街道氛围紧张混乱，使人产生极大的不安全感。

4.3.2　公共交通体系

泉州目前公共交通现状主要以公交系统为主，经过民意网络调研（图 4.3–2）发现，泉州公交体系尚不完善，人性化的城市规划与设计不足，不能满足人们的日常公共活动需要，同时大大影响了城市主要公共空间的可达性。

生活在泉州，您认为在泉州乘坐公交车是否方便？

您认为泉州公交车的线路和数量是否充足合理？

如果泉州城市公交车硬件完善和服务平水平较高, 你选择何种交通方式？

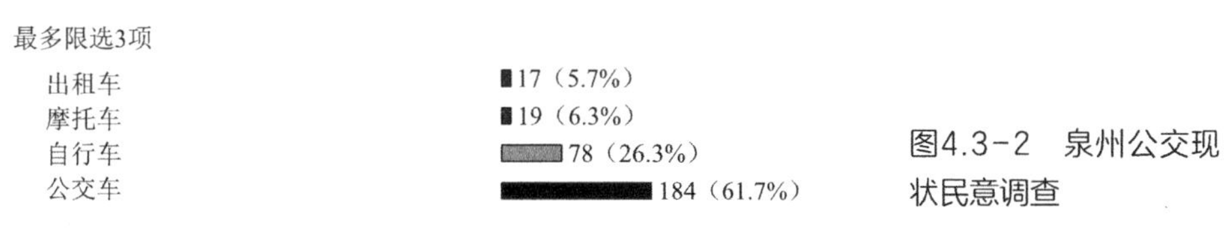

图4.3–2　泉州公交现状民意调查

4.3.3　步行交通系统

1. 步行交通与公共空间的融合关系

根据对于街道公共空间类型的具体分析，城市的街道是构成城市的重要骨架，人们对城市最直接、最经常的感受来自于街道，街道是中国城市最重要的公共空间。

因此，城市街道步行空间的设计对于步行者、对于提升整个城市的生活品质至关重要。其公共空间设计应满足以下要求：

（1）人性化设计；

（2）安全性设计；

（3）便利性设计；

（4）历史文化性联系。

2. 泉州现状道路主要问题分析

对于泉州而言，自古泉州古城就以十字街作为城市的主体骨架，同时十字街是城市公共生活发生的主要公共空间，可以说以步行街道形式存在的公共空间是泉州最早和最有文化继承性的公共空间形式。

但是泉州当代步行系统在城市道路格局当中没有得到足够的重视，新城已经完全成为车行交通为主导的城区，而对于古城，原有的传统步行网络和体系也遭到车行交通的破坏和蚕食（图 4.3–3）。

3. 小结

传统老城区步行网络逐渐被车行交通腐蚀，整体完整性被破坏，但在局部仍然保存着完好的步行网络空间系统，例如开元寺周边区域传统街巷保存相对完好。

新城区缺乏清晰的步行网络系统，人行空间大多生硬地与车行道结合，承担单一的步行功能，作为中国最具特色的街道空间所应承载的城市公共生活在新区逐渐消失。

4.3.4 道路街头氛围

步行为主的街头活动自古在泉州就极其重要，传统街道尺度亲切，小巷当中安静宜人，具有浓郁的生活情调；主要街道商业繁荣，整齐的骑楼连排建筑，熙熙攘攘的人群，一片热闹的景象。

新区当中，受到现代交通方式的影响，空间氛围与老城区相差甚远。街头的氛围嘈杂，摩托车横行，停车场遍布，舒适和安全感由此丧失，因此在民周调查中得分不高。

泉州现代道路受欢迎程度很低，大尺度景观性道路宜人性较差。传统商业街以及小巷的宜人尺度和生活氛围最受青睐（图 4.3–4）。对于泉州现代道路应重点在于道路空间人行感受和不同生活氛围的塑造。

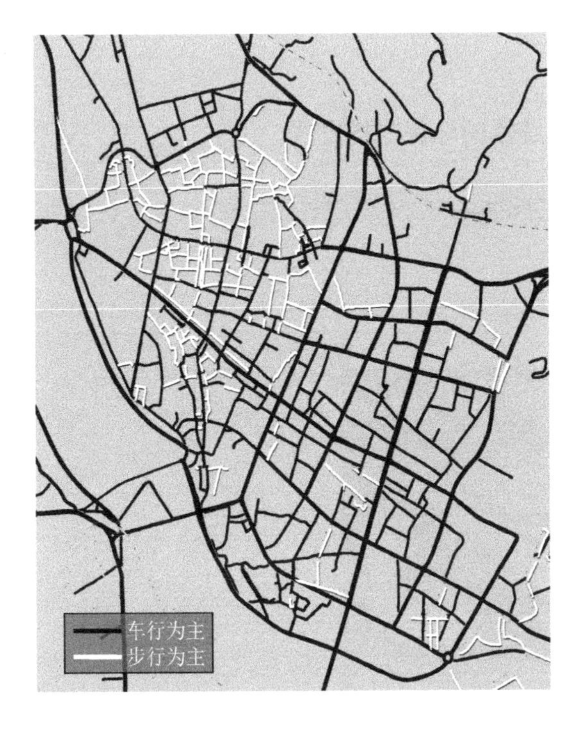

图4.3-3　泉州主城区车行和步行交通结构

小巷

中山路等传统街道

十字路口的过街天桥并不受市民欢迎

新门街等改造街道

刺桐路等景观道路

摩托车的增多，给行人和环境带来很多负面影响

图4.3-4　不同街道类型的氛围示意

4.3.5 城市停车方式研究

1. 城市停车案例研究——建立系统性的环保出行方式

原则 1：鼓励公交换乘（图 4.3–5、图 4.3–6）

在交通换乘点，设置拼车站，汇集出租车，安放共享自行车，鼓励多人乘坐同一辆出租车和自行车换乘的模式。既有利于环保，缓解拥挤的城市交通，又有利于乘客。

图4.3–5 不来梅——拼车族

在城市的各个地方（城铁站点、主要道路）安装自助停车站，将公交车与自行车、私家车联系起来，建立系统的交通网络，方便运输乘客切换（通过铁路、公交、自行车、步行）到各个区域环境。该站的自行车是免费的，并提供免费停车服务。整个移动概念的重点是在商务办公中心建立一个中央公共汽车站咨询系统。

随着停车站的设置，公共交通会更容易、更轻便、环保，同时缓解了内城的交通压力。

图4.3–6 蒙斯特——公交转换站

原则 2：集中设置高效停车设施（图 4.3–7）

在城市中央位置，建立完全自动化的多层停车场，为36.5m×17.4m的空间，建筑高度14.5m，设六个级别的车位，这样可以比传统的多层停车场节省大约一半的空间。封闭停车场系统可以减少噪声排放，不干扰周围的住宅区。同时合理的外观设计和高度又能够与周围环境很好地融合。

图4.3–7　德累斯顿新城——"全自动多层停车库"

原则 3：居住区（图 4.3–8）

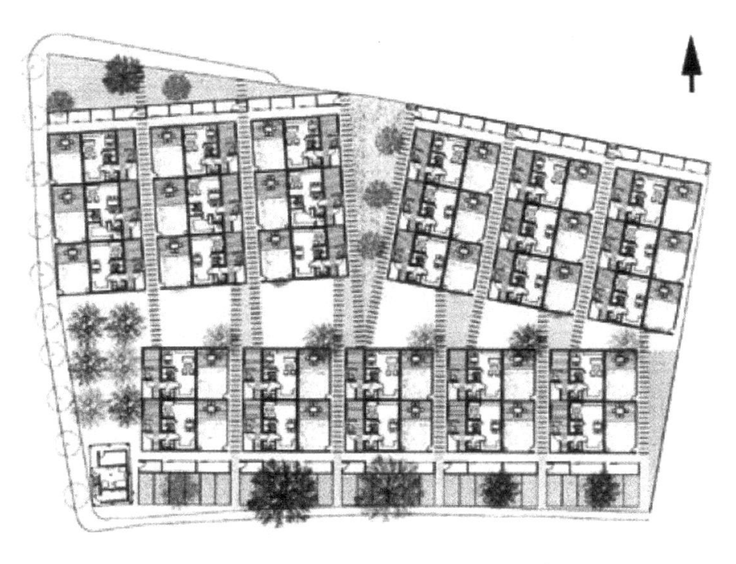

小区内部不停车，设置自行车停车位，居民和游客的汽车停放在小区外围或停放于地下停车场，小区内部主要以步行和自行车为主，并与拼车的交通模式联系在一起。

图4.3–8　班贝格——内部与外部连接点停车

2. 城市主要停车场形式

路内停车场：城市道路指定地段停放机动车。作为临时性停放车辆场所，易造成交通混乱（图 4.3-9）。

路外停车场：不占用道路，独立于室内的专用停车场（图 4.3-10）。

A 停车收费码表（Parking Meter）
一种靠自助方式缴费，计算时租的路边停车收费工具。缴费后即可将车辆停放一定的时间，超时会被交警开罚单，一般是定额罚款。

B1 平面停车场
一般指广场型停车场，以公园形式作为中转站，位于市中心，通常收费较高，从而减少人们开私家车的数量。一般适用于用地较宽松区域。

B2 立体停车场
适用于建设大规模停车场，土地与空间利用率较低，车位建设及维护费用较低。

图4.3-9 自行式停车

C 平面停车场
完全机械式，停车方式独特多样，具有很强的适应性。占地面积小，利用率高，非常适用于用地紧张、停车需求集中的地段。

图4.3-10 机械式停车

3. 在扩大城市休闲空间的同时，停车场的解决方式

（1）老城区停车解决方案建议：

严格控制交通方式；

鼓励公共交通；

增加路边停车收费码表；

老城边缘区发展地面和地下空间。

（2）现有中心城区停车解决方案建议：

不鼓励地面停车场，部分现有停车场应向城市广场转变；

允许部分道路停车，提高停车收费；

鼓励公共交通；

地面行走建立移动点的公共交通转换；

发展地下空间；

建立机械式停车库等集中停车服务设施。

（3）未来东海组团停车解决方案建议：

发展地下空间；

建立机械式停车库。

4.3.6 交叉口节点的研究论述

主要研究的空间要素（图 4.3–11）：

A ——道路转角设置公共空间；

B ——道路转角界面；

C ——道路转角中心；

D ——道路线性公共空间形式。

选择泉州典型街道十字交叉口与国内外具有特色公共空间的道路交叉口案例进行比较，总结规划道路交叉口空间节点类型，并作为泉州道路交叉口设计的选择参照依据（图 4.3–12 ～图 4.3–15）。

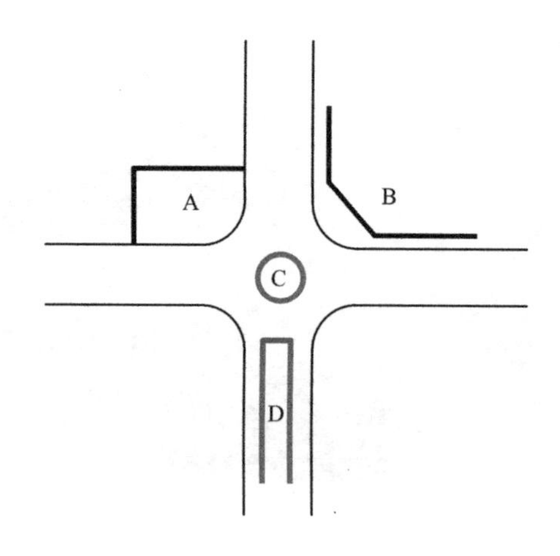

图4.3–11 空间要素

类型 1——西街与中山路交叉口
传统典型交叉口
A 无明显公共空间设置；
B 界面建筑高度 2 ～ 4 层，建筑紧邻街道建设，设置骑楼公共空间；
C 钟楼地标，交叉口中央设置构筑物；
D 街道当中无公共活动空间。

类型 2——涂门街与南俊路交叉口
传统扩建型道路交叉口
A 无明显公共空间设置；
B 界面建筑高度 3 ～ 4 层，建筑设置骑楼空间；
C 无设置；
D 街道当中无公共活动空间。

图4.3–12 泉州现有交叉口空间形态（一）

类型 3——涂门街与温岭北路交叉口

扩建与新建交通型道路交叉口

A 无明显公共空间设置；

B 界面建筑高度 6 ～ 8 层，建筑退线设置停车设施；

C 设置人行过街天桥；

D 街道当中无公共活动空间。

类型 4——温岭北路与东街交叉口

城市快速路交叉口

A 西南角布局大型公共空间东湖公园；

B 界面建筑高度 6 ～ 8 层，沿街设置绿化隔离带；

C 设置交通绿岛行人过街停留空间；

D 道路两侧设置人行道。

类型 5——温陵南路与泉秀街交叉口

A 转角无公共空间设置；

B 商业建筑界面，封闭界面建筑高度 6 ～ 30 层；

C 中央设置泉州市标雕塑；

D 街道当中无公共活动空间。

类型 6——丰泽街与田安北路交叉口

大型公共空间

A 转角设置大尺度公共空间；

B 商业建筑界面，界面建筑高度 6 ～ 30 层；

C 无设置。

图4.3-12 泉州现有交叉口空间形态（二）

沿街带状公共空间在交叉口处交汇
A 沿街连续公共空间带；
B 大型公共建筑；
C 无设置；
D 道路两侧公共空间带。

道路中央设置公共空间带的交叉口
A 转角为连续建筑界面；
B 连续建筑界面；
C 设置大型景观公共空间带；
D 道路两侧设置人行道；
D 街道当中无公共活动空间。

交叉口局部设置公共开敞空间
A 转角设置公共空间；
B 公共建筑；
C 无设置；
D 道路两侧设置人行道。

图4.3-13　北京典型交叉口公共空间形态模式案例

斯图加特典型交叉口公共空间形态

美国——匀质路网，小街区作为公共空间

A 局部转角设置公共空间；

B 居住建筑，连续界面；

C 无设置；

D 道路两侧设置人行道。

图4.3-14　美国典型交叉口公共空间形态

德国——匀质路网，小街区作为公共空间

A 局部转角设置公共空间；

B 居住建筑，连续界面；

C 部分中心设置景观构筑物；

D 道路两侧设置人行道。

图4.3-15　柏林典型交叉口公共空间形态

A 道路交叉口空间设计推荐模式

A1 折线转角
45° 转角形建筑，在道路转角处形成三角形公共空间。

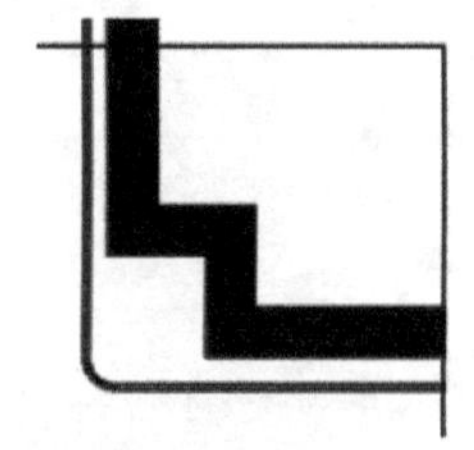

A2 矩形转角
L 形转角建筑，在转角处形成矩形公共空间，有明确的方向指向，公共广场空间特征突出。

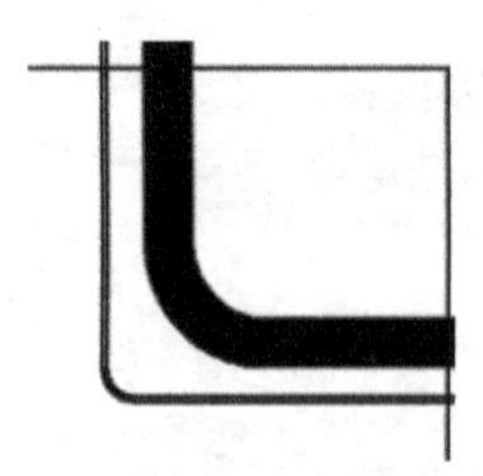

A3 圆弧转角
圆弧状建筑，转角处形成互相圆弧形的公共开放空间。

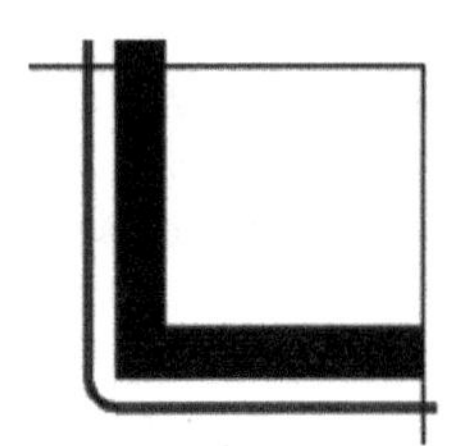

A4 直线折角
直角建筑，在转角处无法形成足够的公共开敞空间，适合于慢行交通。

A5 半圆转角
四分之一圆形公共空间，开敞空间相对较大，有明确的方向指向，公共广场空间特征突出。

B 转角界面

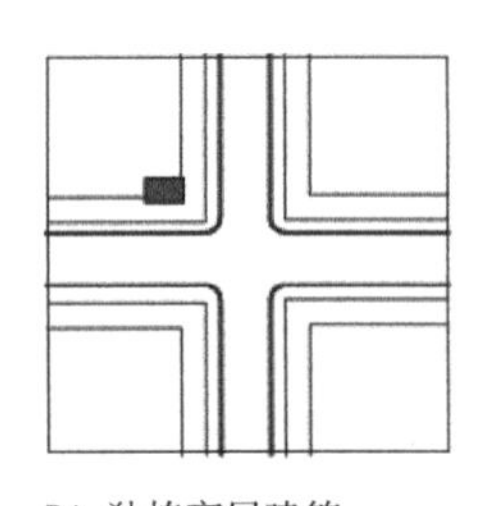

B1 独栋高层建筑
在一个转角处设置高层建筑，控制周边三个转角，形成公共空间绝对地标点。

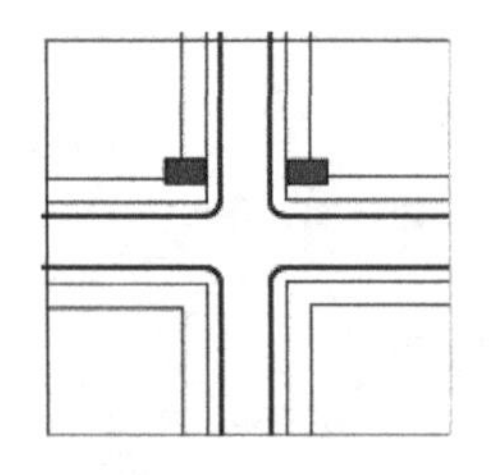

B2 两栋平行高层建筑
同侧转角各设置一栋高层建筑，形成门入口空间效果，具有明确的空间导向性。

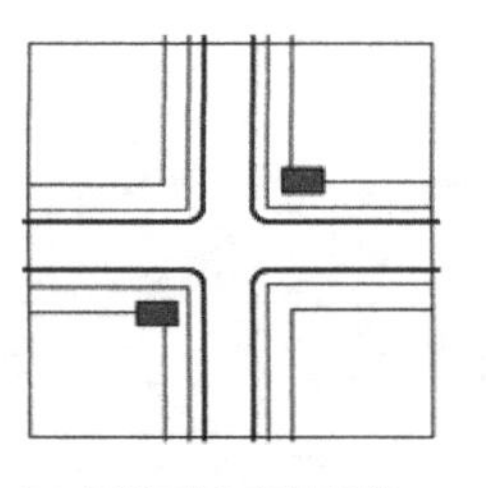

B3 两栋对角高层建筑
对角设置高层建筑，形成多向路径引导的空间效果。

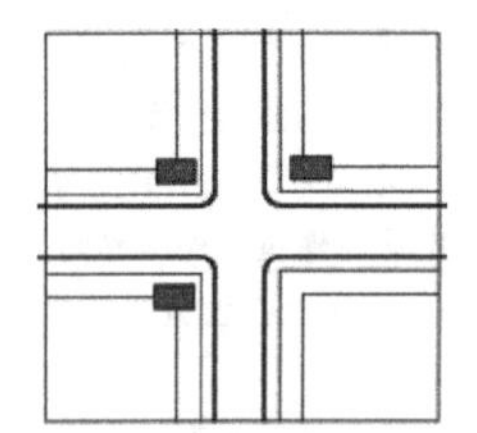

B4 三栋高层建筑
三个转角设置高层建筑。

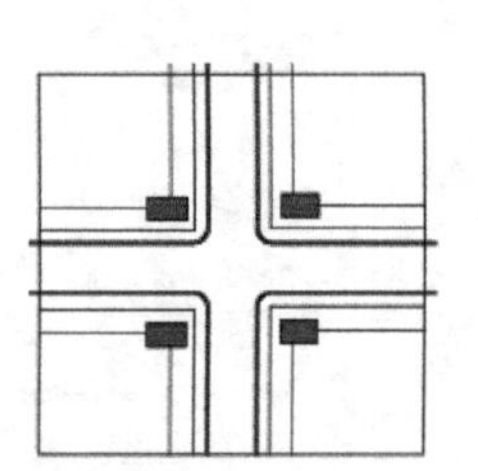

B5 四栋高层建筑
四个转角均设置一栋高层建筑，空间形态相对呆板，但围合性强。

B6 无高层建筑
转角处无高层地标建筑设置，匀质的街景空间效果。

C 空间标志物

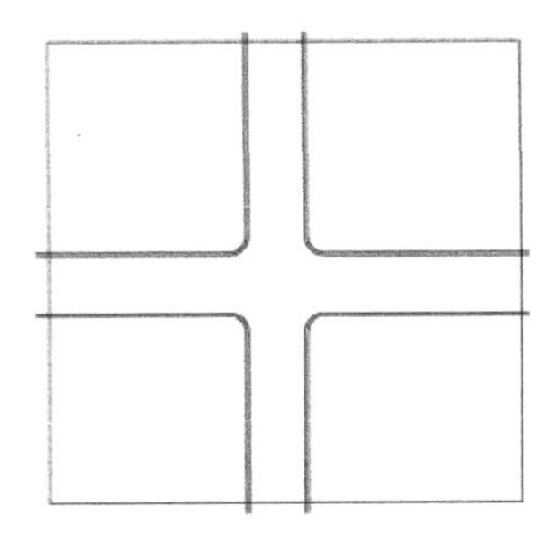

C1 无特殊标志物
街道无特殊标志性构筑物设置。

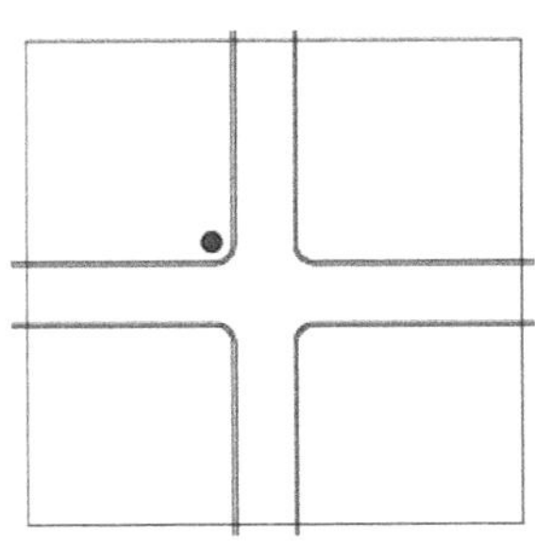

C2 道路转角设置标志物
在道路转角处设置标志性构筑物，通常与转角大型公共空间相结合。

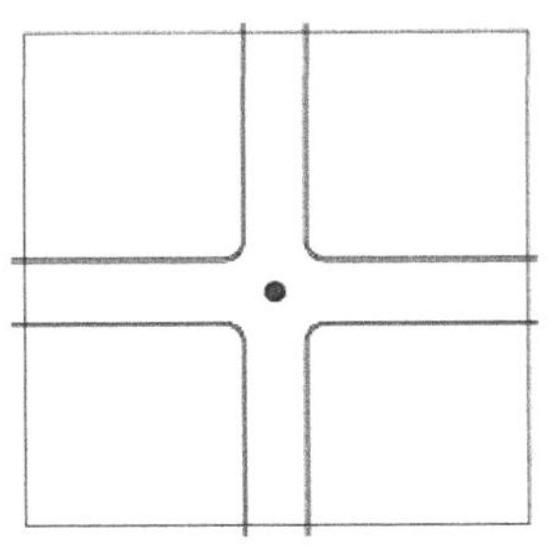

C3 道路中央设置标志物
在交叉口中央设置标志性构筑物。

D 道路断面

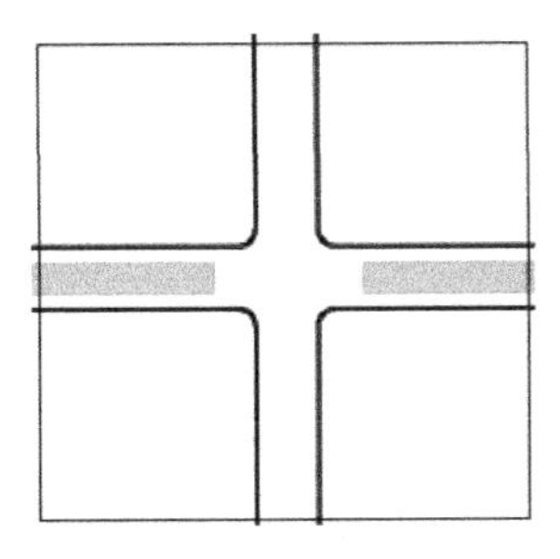

D1 道路中央设置公共空间带
道路中央设置公共空间带，以绿化和步行空间为主，尺度控制在 7 ～ 12m，作为步行活动空间，适宜于主题街道公共空间的塑造。

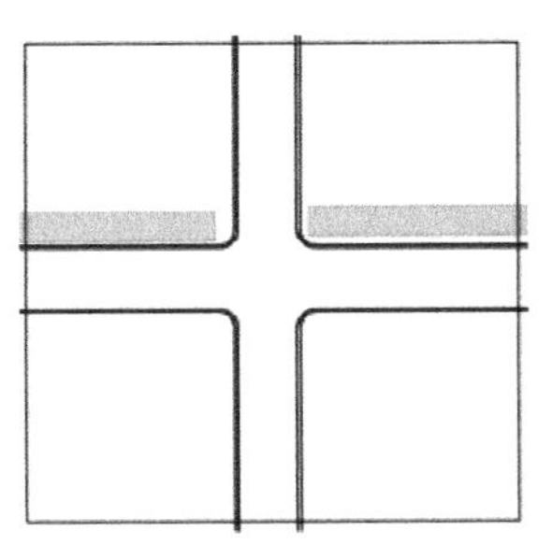

D2 单侧沿街设置公共空间带
道路单侧设置公共空间带，以带状公园形态为主，尺度控制在 20 ～ 30m。

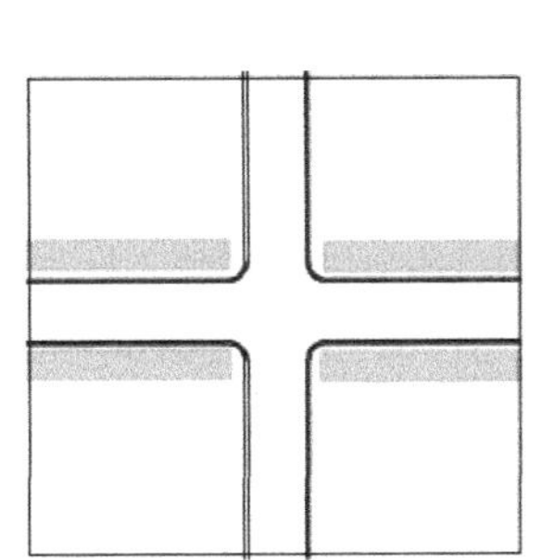

D3 两侧沿街设置公共空间带
道路两侧设置公共空间带，以步行活动广场带为主要形态，尺度控制在 15 ～ 20m。

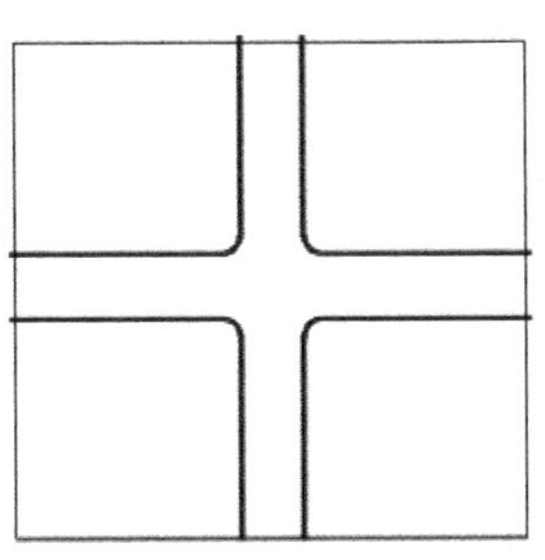

D4 无公共空间带设置
不设置公共空间带，多以单纯步行空间或不设步行道的快速交通为代表。

历史片区的街道交叉口推荐模式

A1 折线转角

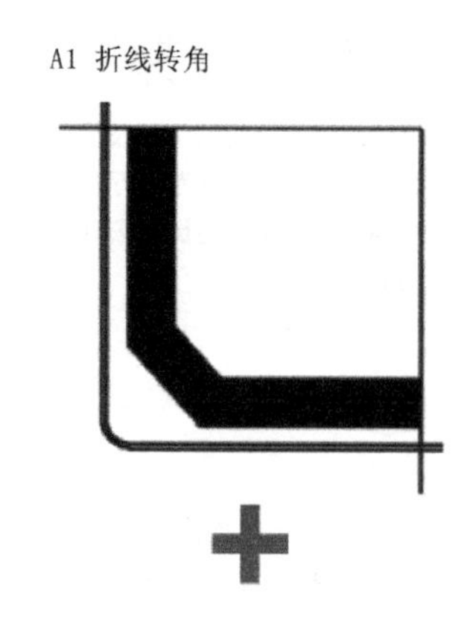

A3 圆弧转角

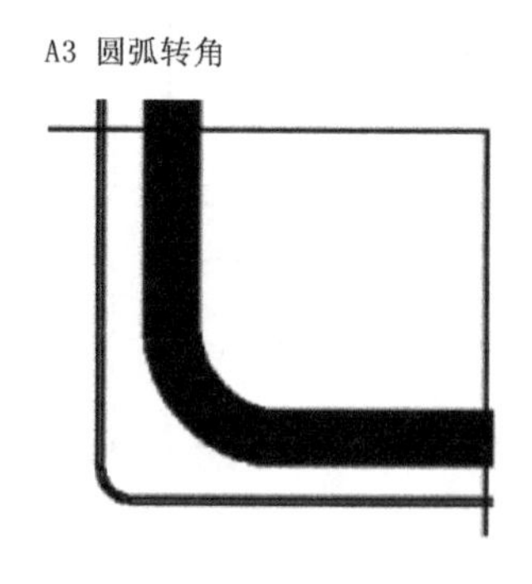

A4 直线折角

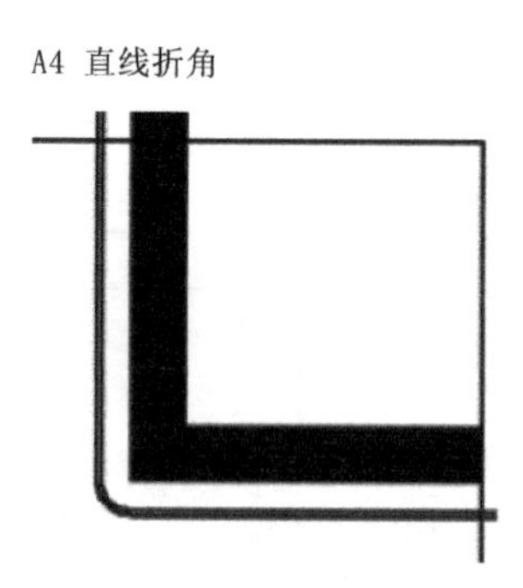

B6 无高层建筑

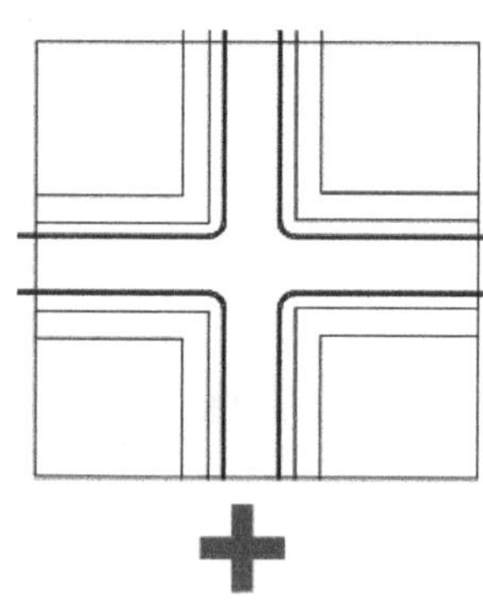

C3 道路中央设置标志物

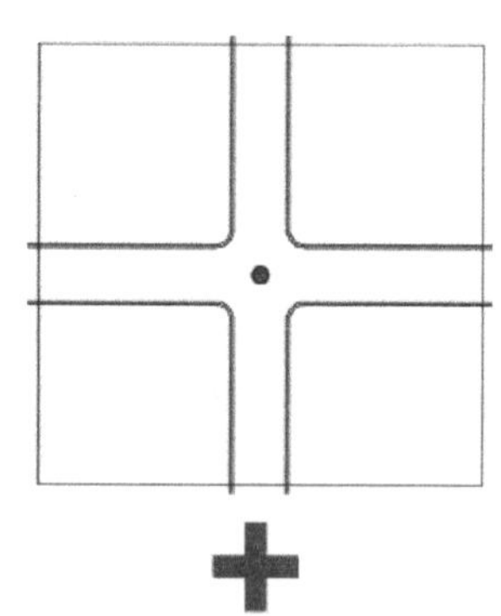

D1 道路中央设置公共空间带

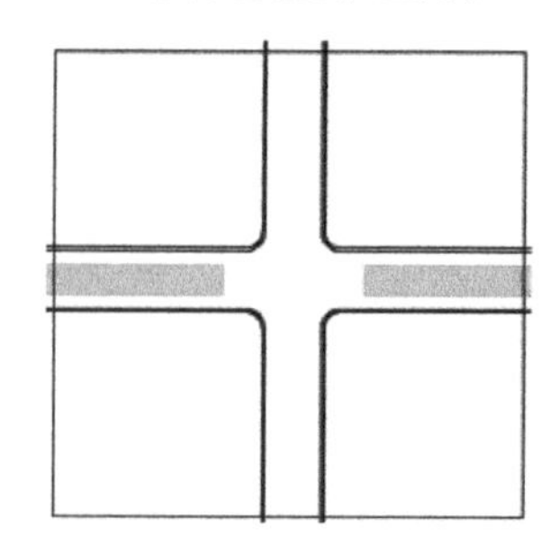

D2 单侧沿街设置公共空间带

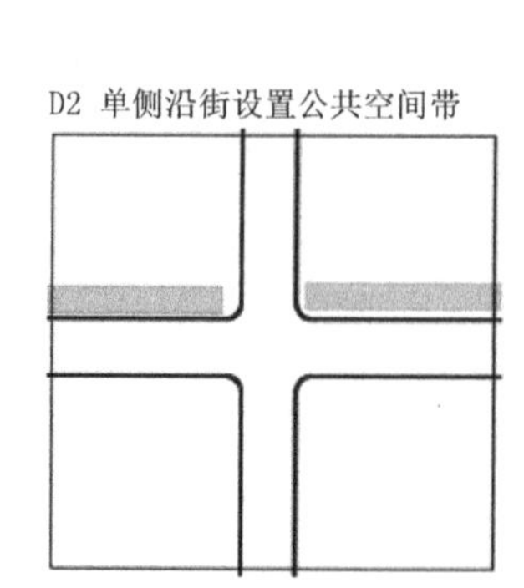

新区城市街道交叉口推荐模式

A1 折线转角

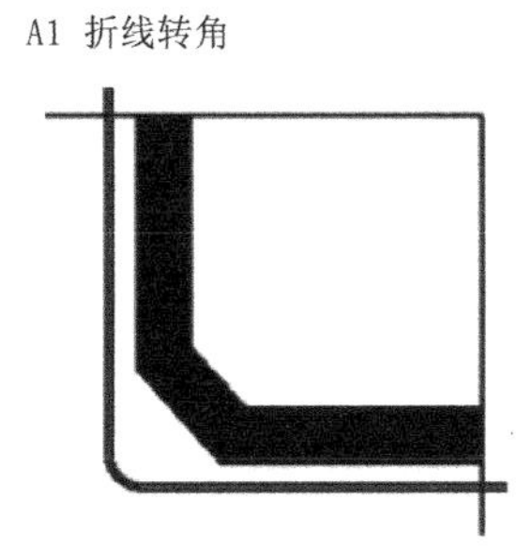

A2 矩形转角

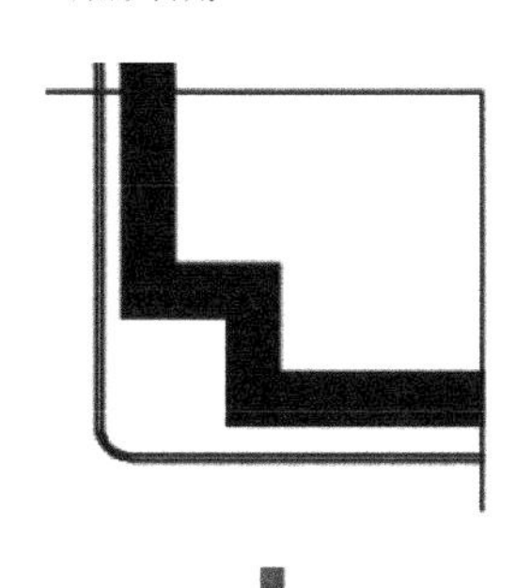

A5 半圆转角

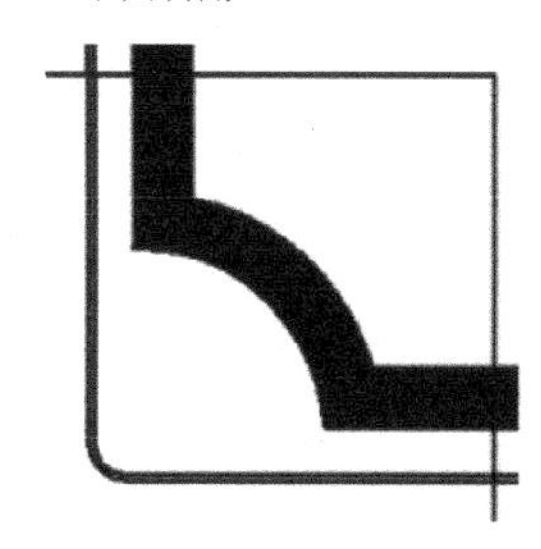

B1 独栋高层建筑

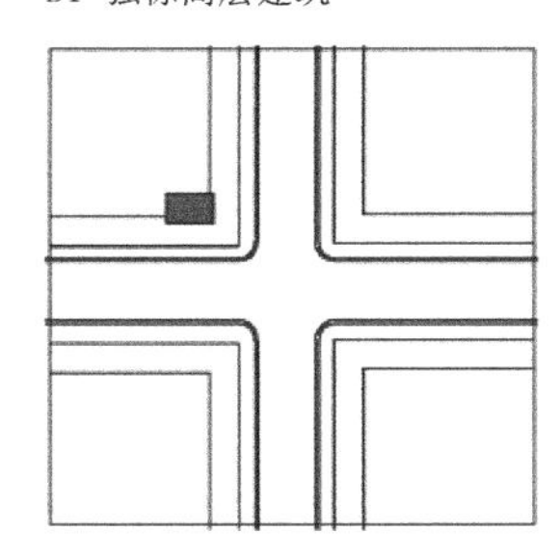

B2 两栋平行高层建筑

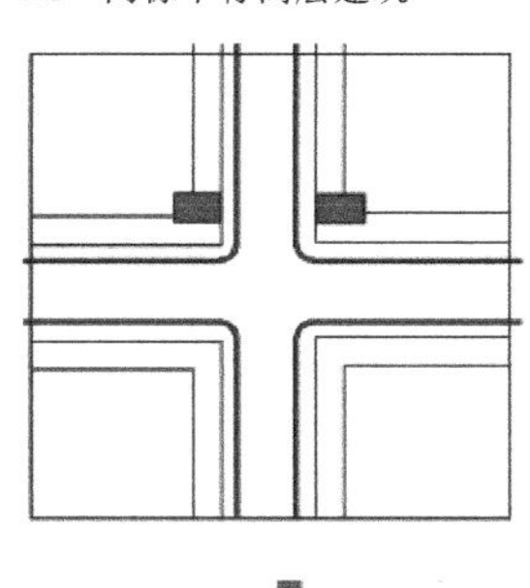

B3 两栋对角高层建筑

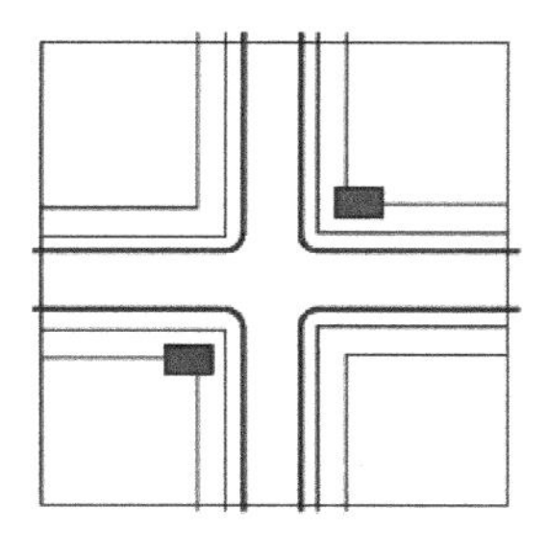

C2 道路转角设置标志物

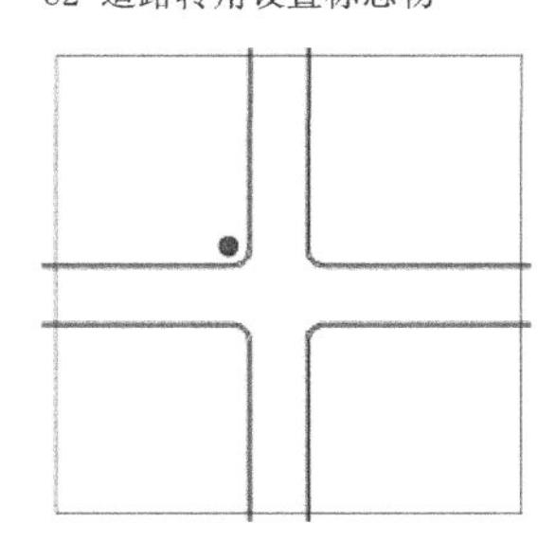

C3 道路中央设置标志物

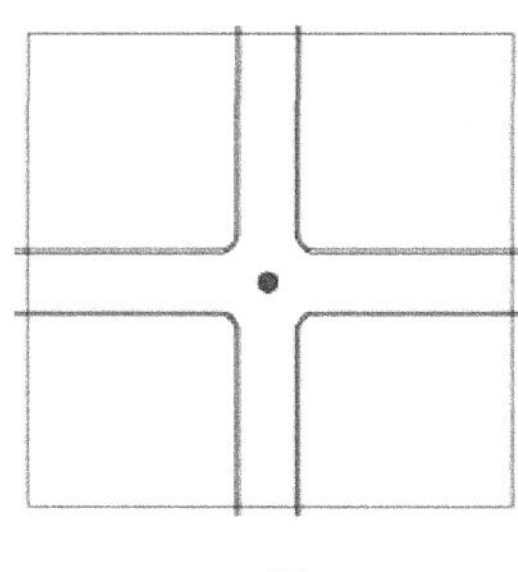

D1 道路中央设置公共空间带

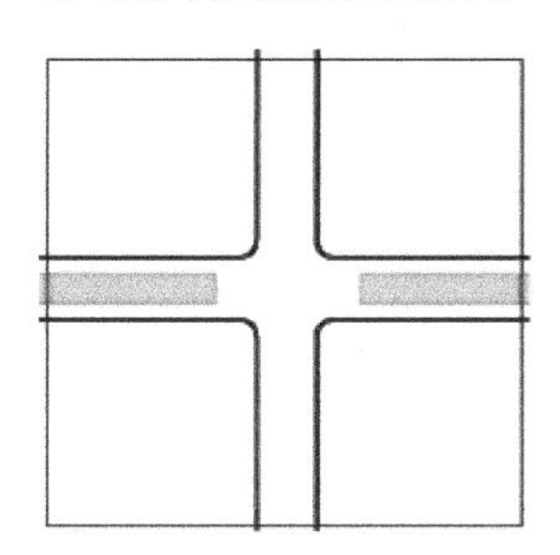

D2 单侧沿街设置公共空间带

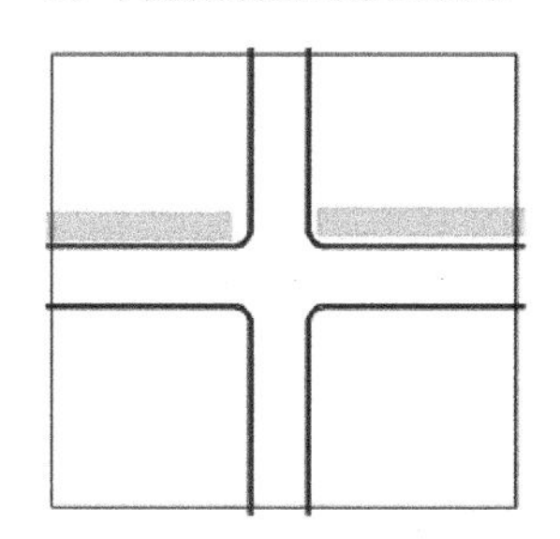

D3 两侧沿街设置公共空间带

4.4　公共空间整体布局与景观结构

4.4.1　公共空间背景体系——泉州古城景观体系

1. 古城保护规划对于自身的圈层式保护划定

（1）以古城核心区为中心；

（2）外围风貌保护区域作为第一圈层；

（3）向外扩展到整个地块划定古城具体保护界限。

2. 古城保护规划的绿地结构

（1）块状绿地 + 线状街道绿化；

（2）新城在现有老城绿化空间基础上，延续道路式线状绿化和部分零散的块状绿化。其中线状绿化在新城中仅是沿街的行道树设置，为人行提供相对舒适的人行道，但是由于车行与人行伴行的原因，在新区的线状绿化并不能为公共生活提供交往空间的机会。

4.4.2　空间发展时序研究

1. 泉州伴随城市进程的公共空间发展

（1）子城：泉州最早为子城，三里一百六十步，十字街构成基本城市骨架，整体结构为中国传统城市空间模式，十字街为主要的公共空间（图 4.4–1）。

（2）罗城：泉州在子城的基础上，经过不断地扩建，在宋代形成罗城基本结构，并筑有城墙和七门。此时公共空间除了原有十字街构成的网格状街道公共空间外，开元寺、清净寺等寺庙院落空间也成为主要的城市公共空间类型。同时受泉州对外贸易的影响，沿街的商业活动也逐渐得到发展。

（3）新城：在近代几十年内，泉州城市规模飞速发展和扩张，城市面积迅猛增加，城市空间结构也发生了很大的变化。同时，公共空间也得到一定的发展，城市广场、公园、居住街区式半开放公共空间不断涌现，并且随着城市的扩展，公共空间也出现了诸多新的分布特征和品质特征。

泉州城市建设具有明确的历史时序性、圈层式的扩张关系（图 4.4–2），在不同时期的城市边界，城市公共空间建设的轨迹具有极其重要的历史人文意义，对不同历史时期的城市公共空间需要进行选择性保护和改造。

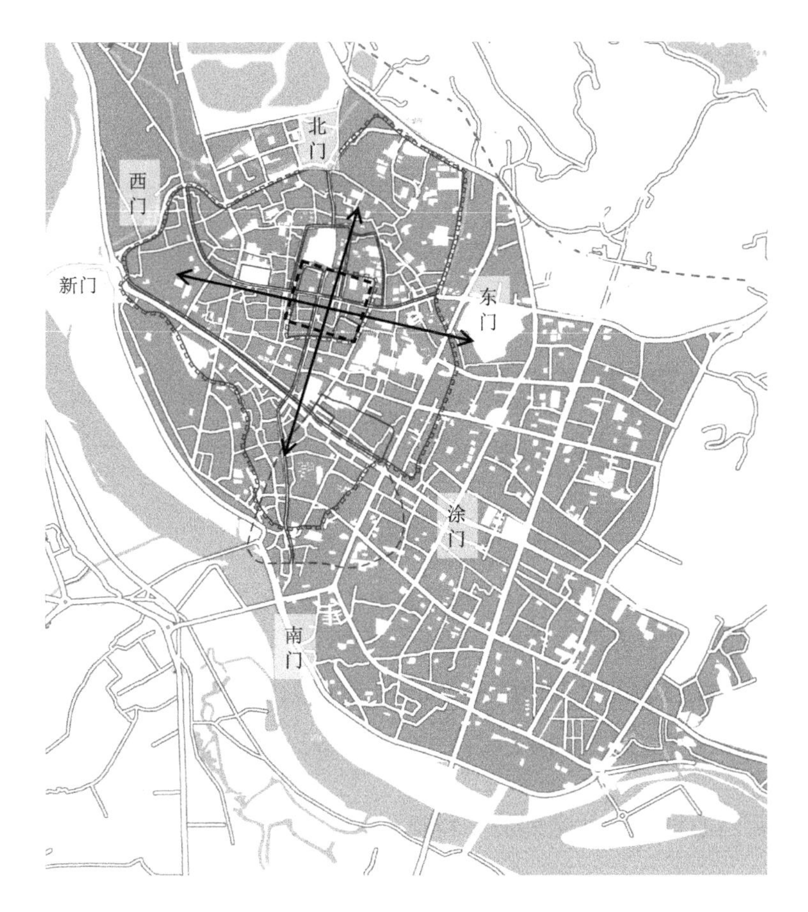

图4.4-1 泉州古城十字街结构

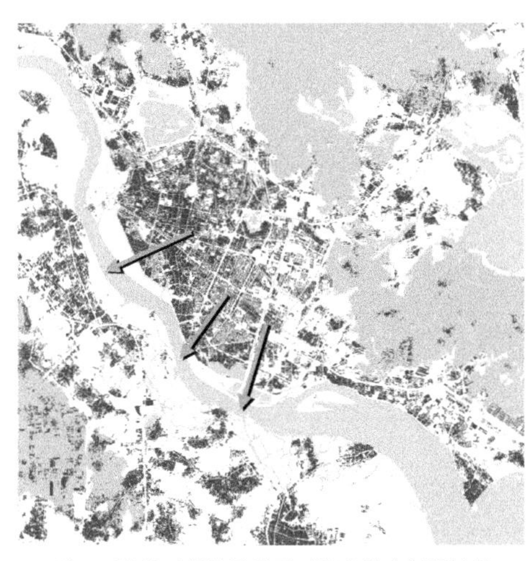

晋江两岸的对景效果需要两岸公共空间设计的连并考虑

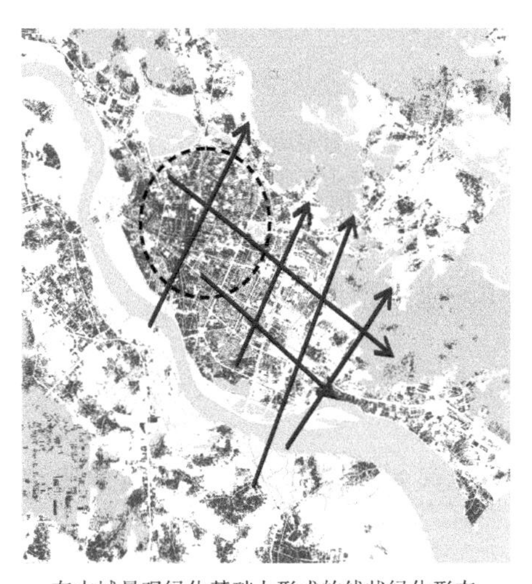

在古城景观绿化基础上形成的线状绿化形态

图4.4-2 泉州现状建设分析

2. 泉州古城的结构形式与公共空间

子城最先建造：四个城门、十字街。

城市空间延续十字街的骨架扩展，但受地形影响，成为不规则的网格结构。

新城区建设道路同样为不规则网格结构，城市公共空间位于道路两侧或地块内部，没有明显的核心性。

4.4.3 现有公共空间特征分析

1. 老城区公共空间分布特征

（1）关键词：网状、点状。

（2）特征：以混合性交通为骨架的线性公共空间，同时串联院落、公园等点状公共空间。空间尺度以人性化步行尺度和小尺度为主。

（3）优点：良好的人性空间尺度和空间可达性、强烈的可识别性、突出的城市意象。

（4）问题：车行交通负担巨大，停车问题严重。

2. 现有中心城区公共空间分布特征

（1）关键词：点状、面状。

（2）特征：车行交通与步行交通基本分离，人行道交通特征明显，大型滨水带状公共空间以及点状公园广场公共空间零散分布为突出特色。

（3）优点：公共空间尺度较大、类型丰富。

（4）问题：分布零散，人行道缺失或缺乏连接体系与可达性；空间可识别性意象不强；人性尺度缺乏。

3. 未来东海组团

目标特征：网状、点状、面状。

4. 泉州未来公共空间的规划建议

（1）公共空间规划的关注点：

适应现状自然地形特征，与泉州现状历史传统区域良好结合；

历史传统公共空间体系应有意识整体推荐；

具有良好的服务可达性，与中心区的凝聚性具有对应关系，新项目一般应提供占建设用地 5% ～ 10% 的室外公共空间；

公共空间应与城市街道相邻，或与步行系统相通，保证其公共性与开放性；

与城市综合交通具有良好的契合关系，控制历史地段的交通总量，速度控制在 30km/h 以下。小于 1000m^2 的公共空间宜与相邻地块整合设置。避免设置在高速公路及快速路旁，避免机动车带来的噪声、空气污染及安全隐患。

（2）城市公共空间各类型分布要求

广场型：面积宜控制在 1000 ～ 10000m^2，宜结合街区公共中心和大型公共建筑设置，并通过步行系统与其他公共空间联系；围合率宜控制在广场周长的 50% 以上，最大开口不宜超过其周长的 25%。

街道型：鼓励提升街道的城市生活品质，控制交通速度，发展公共交通。对于步行公共商业空间，两侧界面要求连续，宜采取骑楼、挑檐等形式提供遮蔽。

绿地型：城市改造中有意识地增加绿地设施，应设置满足市民健身和儿童游乐活动设施，不宜采取大面积硬质铺装。绿地率应大于 50%，宜以乔木为主，为游人提供遮蔽环境。

4.4.4 公共空间分布原则

充分结合并发挥自然水体空间的特色。

维持一个良好的、有吸引力的网状街道步行系统。滨海延续 15m 以上绿化与广场带，其间设置的步行道，沿山步行道每 200 ～ 300m 设置休憩节点。

城市公共空间分级别、分类型，按照辐射半径均匀布置。城市公共空间分为城市级公共空间（服务半径 800m）、社区级公共空间（服务半径 300m）、街区级公共空间（服务半径 300m）。室外公共空间分布密度要求：商业办公区不少于 1 个 /2hm^2，居住区不少于 1 个 /4hm^2，工业区不少于 1 个 /6hm^2。城市公共空间的建筑界面贴现率宜控制在 50% 以上（表 4.4–1）。

不同层级的公共空间根据邻近用地的功能属性进行相应的尺度和空间比例的调整（图 4.4–3），从而创造不同的空间感受，形成各公共空间之间的差异化。

大型面状公共空间应具有良好的品质和旅游价值。在中心城滨江临山的自然开敞地段，面状布局，可以协调自然与城市的空间关系，使滨水空间更具多样性。带状空间的最窄处必须满足游人通行、绿化种植带的延续以及布置小型休息设施的要求。

网状、点状和面状公共空间相互联系呼应，形成有秩序的公共空间网络。

城市公共空间分布与城市土地使用和人口分布具有相适应的配比关系　　表4.4-1

开放空间等级	服务半径（m）	绿化空间人均面积（m^2）	广场空间人均面积（m^2）	运动用地人均面积（m^2）
A城市级	800	≥5	≥0.2	≥0.1
B社区级	300	≥2.5	≥0.2	≥0.3
C街区级	300	≥2.5	≥0.2	≥0.3
总体	—	≥7.5	≥0.4	≥0.4

A城市级广场

B社区级广场

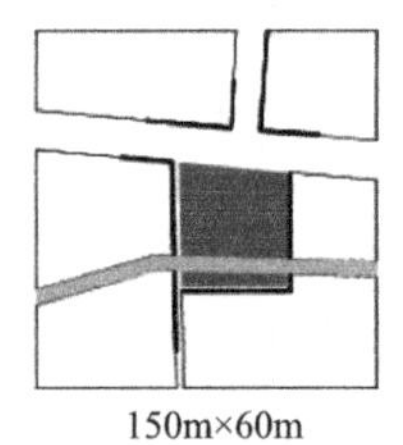

150m×60m

纪念性公共空间：
庆典和文化集会，参观与被参观。

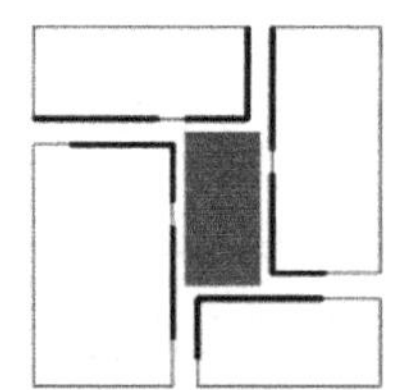

120m×50m

社区综合性公共空间：
位于居住区正中心，布置于日用购物区。

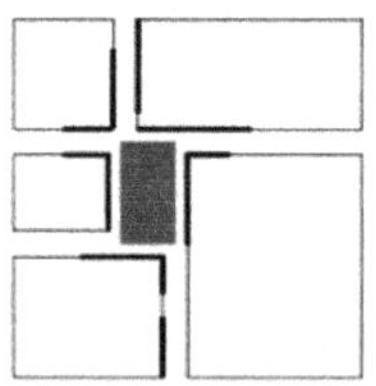

20m×30m

街区综合交流性公共空间：
处于交通流量较少的区域，便于进行邻里交流。

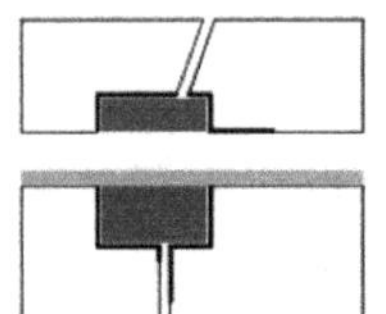

140m×150m

商业性公共空间：
政治和商业功能混合。

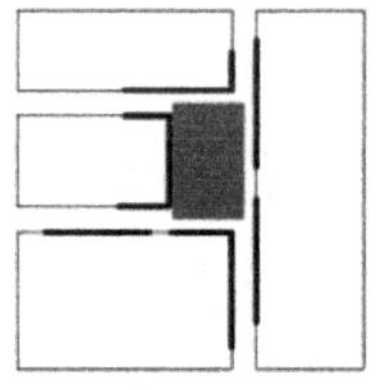

60m×40m

社区购物集会性公共空间：
多建于城市区域中心。

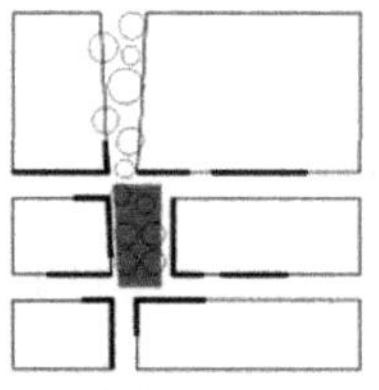

25m×25m

青少年性公共空间：
视线被遮挡，常与绿地结合。

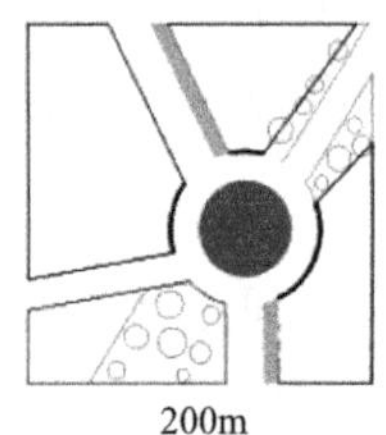

200m

交通性公共空间：
多种交通方式混合。

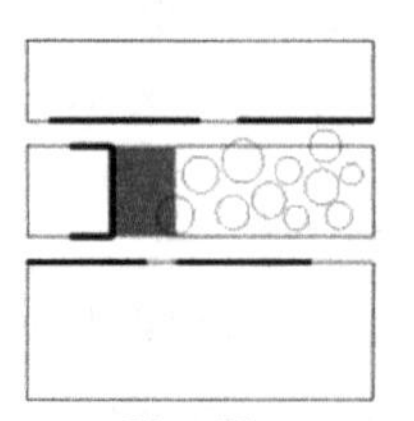

70m×50m

娱乐性公共空间：
带有舞台，多靠近绿地和公园。

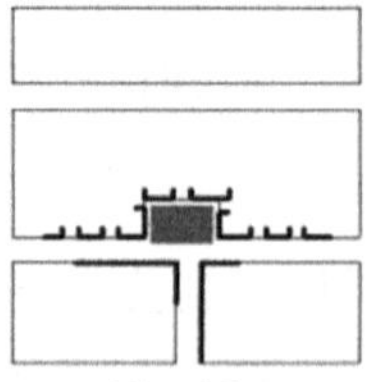

15m×25m

街区性公共空间：
正对建筑入口，与社区及道路相邻。

图 4.4-3　城市广场空间尺度及比例关系

4.4.5 公共空间界面控制研究

1. 主要公共空间界面

泉州现状公共空间界面特征明显，补充对各类公共空间界面进行研究（图4.4–4）。

（1）泉州市区主要的新旧城交接界面为：

泉州古城交界线；

法石海丝文化滨水交界线。

（2）主要的大型公共空间界面：

晋江两岸界面；

东海滨海界面；

山体界面；

大型城市公园界面。

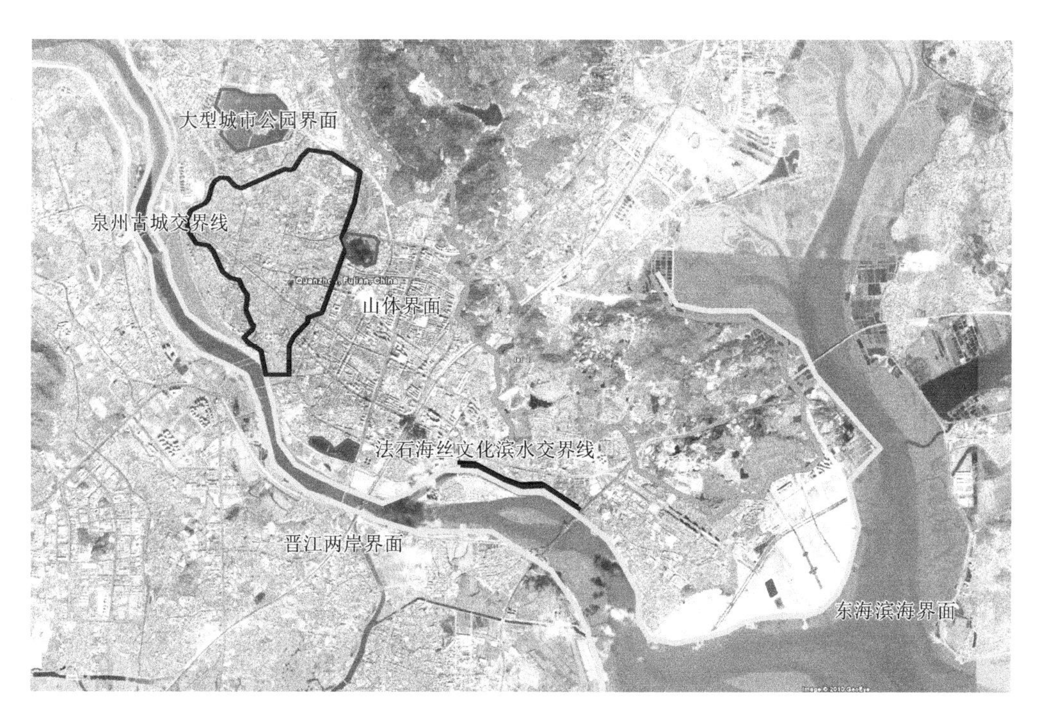

图4.4–4 泉州主要城市界面分布图

2. 主要公共空间界面和大型公共空间控制原则

泉州古城交界线

控制原则：

重要的空间节点（城门等），应严格保护，周边建筑高度应有限高要求，应当突出其对外形象的形态特征；

加强古城边界公共空间特色，突出地方历史文化特征；

交界线加强步行路和文化指示设施建设。

法石海丝文化滨水交界线

控制原则：

重要的空间节点（海丝文化码头等），应严格保护，周边建筑高度应明确限高要求，保护其历史空间形态；

加强古城边界公共空间特色，突出当地历史文化特征；

交界线加强步行路和文化指示设施建设。

晋江两岸界面

控制原则：

沿江立面强调天际线的起伏变化以及与背景山体峰谷关系的匹配性；

重要公共空间节点予以彰显；

重要视觉和生态廊道予以保留；

重要历史保护性标志建筑予以保护和凸显；

强化公共服务休闲设施。

山体界面

控制原则：

保证山体界面的连续性，对高层建筑遮挡现象应加以控制；

重要景观山水生态和视觉景观廊道加以保护。

东海滨海界面

控制原则：

控制滨海界面与城市空间之间天际线的连续性；

强化泉州现代滨海城市风貌；

滨水文化等公共建筑的标识性；

生态廊道和主要视觉廊道应当予以重视和保护。

大型城市公园界面

控制原则：

保证公园水体周边的绿地面积，保证生态性；

公园边界的开敞性和片区交通的可达性，保证活动人群的便捷可达；

大型公园应考虑公园周边城市界面的景观特征设计；

大尺度文化建筑界面与公共空间的有机结合。

4.4.6 公共空间与半公共空间分布

泉州公共空间整体分布与现状自然条件相呼应，并呈现出两个圈层的结构特点（图 4.4–5）。外围是以生态为主的公共空间圈层，内部是以城市建设型公园为主的公共空间圈层。

图4.4–5 泉州现状公共空间分布

空间类型整体分布特点：

（1）院落空间主要集中在老城区；

（2）城市广场所占比例较小；

（3）城市外围公园所占整体比例较大；

（4）游步道主要分布在老城区和城中村范围内，城市新建区域游步道相对缺失（图 4.4–6）。

总体而言，当前泉州传统院落空间和街巷具有较好的空间品质，城市广场及街头空间景观效果不佳（图 4.4–7）。

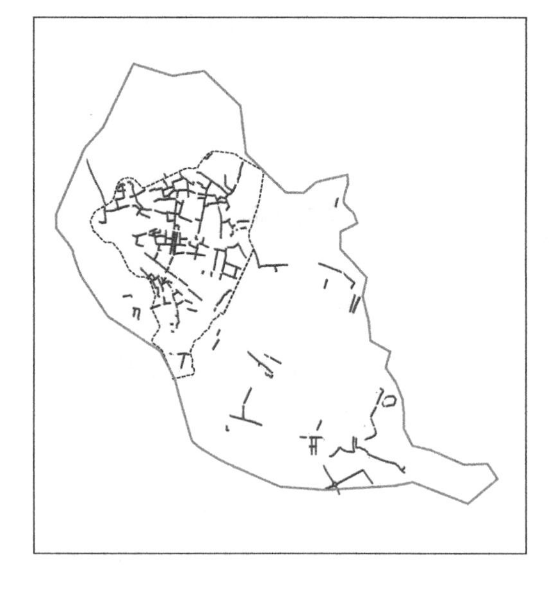

图4.4–6　泉州现状游步道分布

街道空间

公共建筑附属空间

广场空间

图4.4–7　泉州各类公共空间现状（一）

城市公园

滨水空间

图4.4-7　泉州各类公共空间现状（二）

4.4.7　土地使用与公共空间

1. 泉州现有城区分布特征（图4.4-8）

（1）工业基本位于现有城区外围；

（2）商业用地分布于老城区核心部分；

（3）办公用地分布于现有城市中心区核心位置；

（4）居住用地分布于环绕老城和新城的核心位置。

泉州城市总体规划图

泉州主城现状土地使用图

图4.4-8　泉州城市总体规划

2. 泉州公共空间分布特征（图4.4-9）

（1）向城市中心区环形集中；

（2）向山体区域融合渗透布局；

（3）沿主要功能街道线性集中布局；

（4）向滨水区域呈现品质化发展布局。

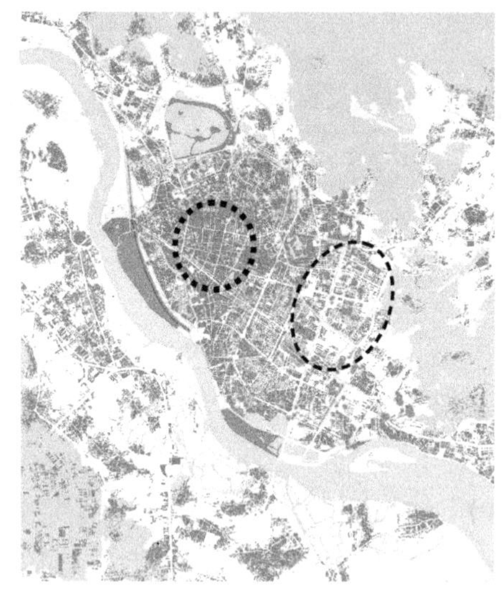

向中心区环形集中

向山体方向——与山体关系紧密

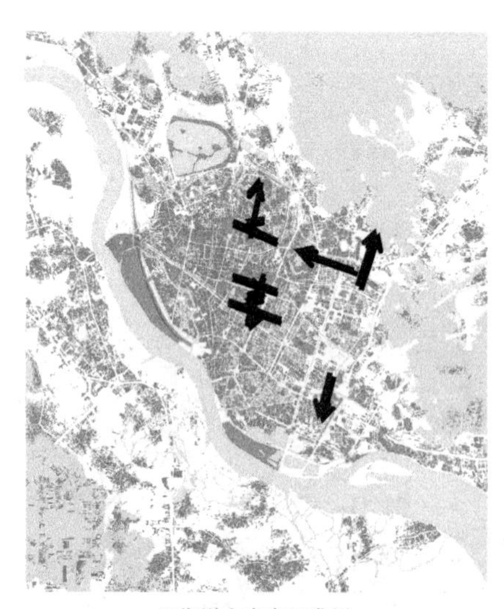

沿街道方向布局发展

滨水方向发展——与水体关系紧密

图4.4-9 公共空间综合性具有可发展意象的布局趋势

4.4.8 城市空间肌理与空间效果

1. 泉州城市肌理在新老城区有明显的差异性（图4.4-10）

（1）古城和城中村肌理细腻，城市公共空间内向分布；

（2）新城区空间肌理粗犷，空间空旷、外向分布。

当前泉州研究范围内土地存量不大，按照卫星地图估算大概仅有4.37%为空地或正在建设中。因此在现有城区公共空间的更新与改造是弥补城市公共空间总量不足的关键所在。

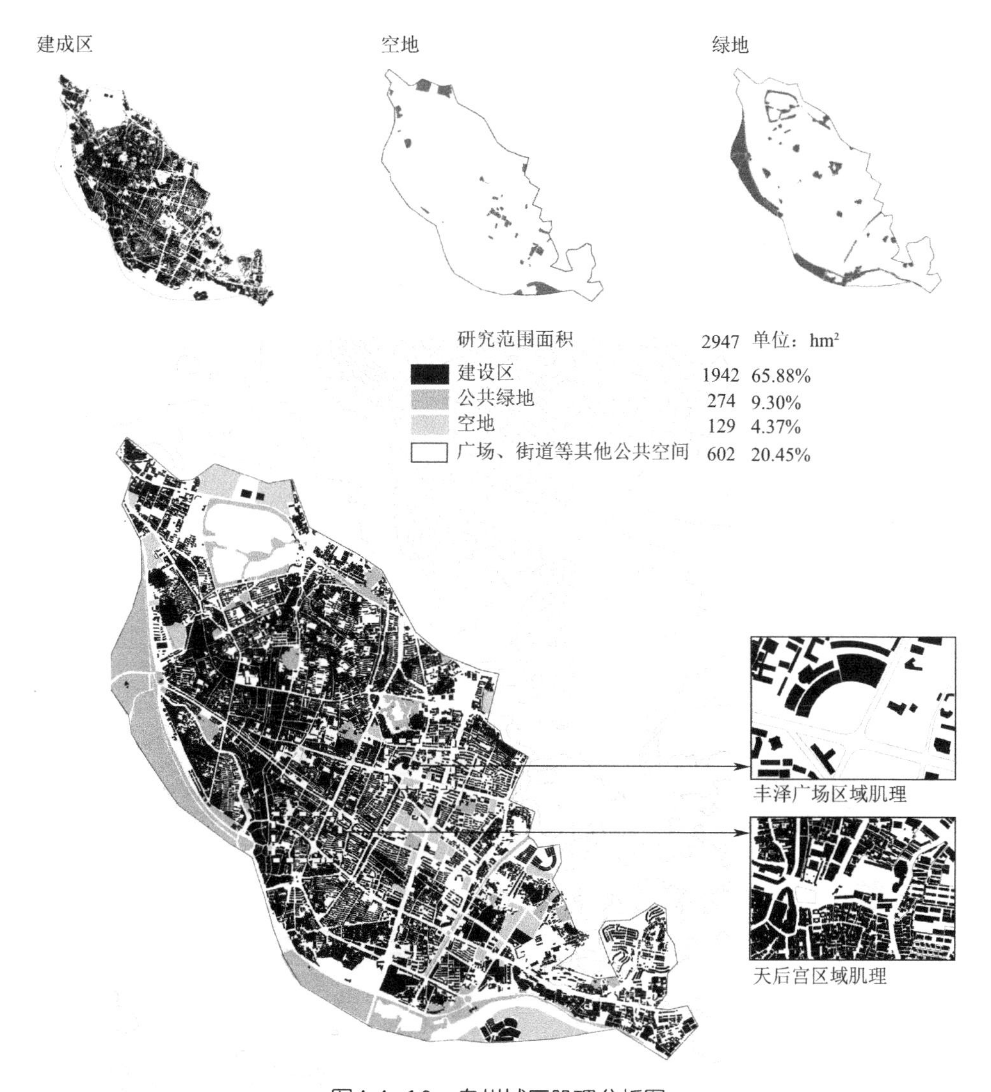

图4.4-10 泉州城区肌理分析图

2. 城市空间时代性分布与空间效果

（1）面积：传统肌理与现代肌理的比例大约为1 ：2（图4.4–11）。

（2）未来状况以及对公共空间的要求：

在未来城市建设向滨海湾的扩张中，传统肌理的比重将进一步下降，具有景观价值的传统肌理空间在未来将弥足珍贵，需要适当保护和恰当更新（图4.4–12）。

现代城市中心向滨海湾转移，现有城市中心区将成为古城与未来新城的联系纽带，应该是传统与现代的融合区域。

具有传统肌理特征的区域在新区主要以城中村为主，它们是未来泉州现有城市中心区城市公共空间更新和改造的重点区域，在景观体系上应该取得与古城相呼应的良好效果。

图4.4–11 泉州传统与现代区域分布

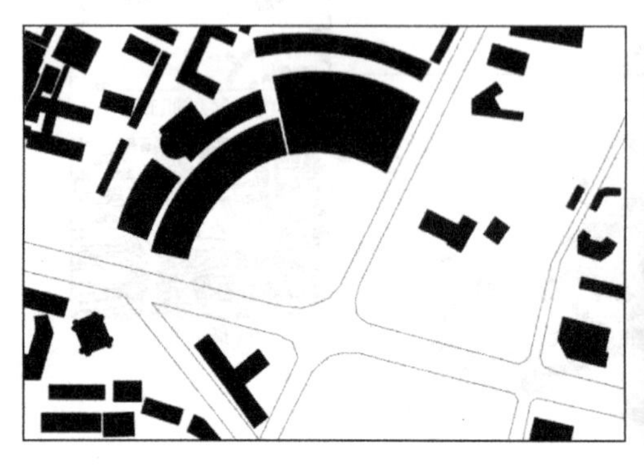

图4.4–12 泉州传统与现代区域肌理对比

（3）发展关系：

古城逐渐被现代的城市力量渗入吞食；

新城区现代型城市空间包围传统区域扩张。

4.4.9　标志性入口空间

泉州城市入口空间具有明显的类别和特色，表现出多样性的特征（图 4.4-13）。

公共空间与入口空间的配合上，传统区域现状保留的古城门作为泉城方向入口的标志性建筑，以此为中心的公共空间具有典型的空间意象和城市品牌表征性。

晋江一侧的城市入口区域具有明显的生态大空间特色，但是滨江道路的设置对公共空间人气的聚集产生了一定的消极影响。

此外，由于新区城市空间的大众化，新区东侧城市入口处公共空间的标志性相对较弱。

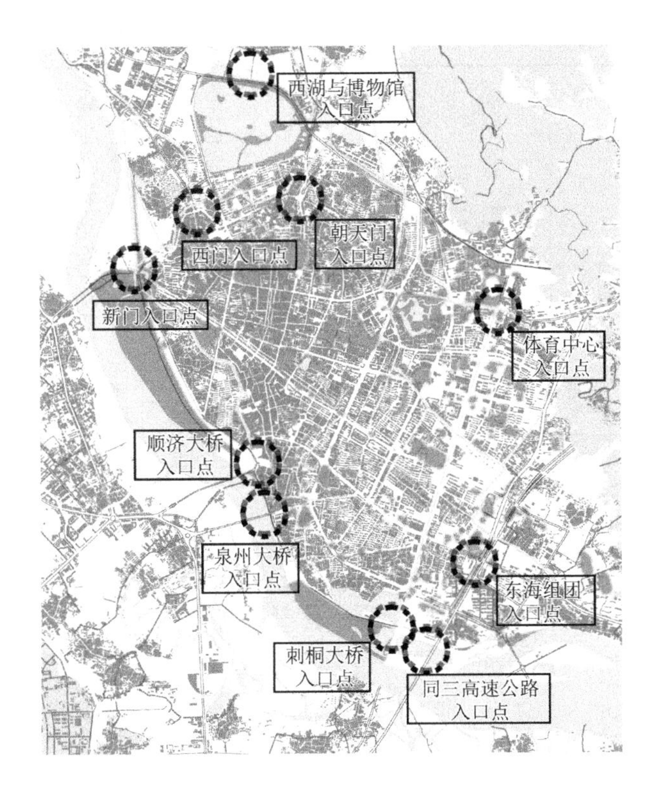

图4.4-13　泉州标志性入口空间分析

4.5 评价体系

4.5.1 公共空间宏观格局评价体系

城市公共空间宏观格局评价体系见表 4.5–1。

城市公共空间宏观格局评价体系　　表 4.5–1

	公共空间的景观体系评价要素	与公共空间相关联的契合性要素		
评价要素	城市公共空间整体景观结构与布局	公共空间与城市自然特征的契合关系	公共空间与城市综合交通的契合关系	公共空间与城市文化的契合关系
评价要点	（1）公共空间景观层次与体系； （2）公共空间主体类型； （3）公共空间分布； （4）公共空间面积在城市建设区所占的比例； （5）公共空间整体意象	（1）自然气候要素； （2）自然山水等地形、地貌要素； （3）自然生态区域特征	（1）公共交通体系； （2）步行系统	（1）城市战略定位； （2）城市主体意象； （3）城市文化内涵； （4）地域精神与价值观
评价标准	（1）公共空间体系是否完整； （2）公共空间类型是否具有多样性； （3）公共空间分布是否均衡； （4）公共空间面积所占比例是否适当； （5）公共空间整体是否具有突出的城市空间意象	（1）公共空间的类型是否适应当地的自然气候； （2）公共空间的类型与分布是否与当地山水等自然地貌形成良好的配合关系； （3）公共空间体系与自然生态体系是否具有一定的契合关系； （4）公共空间的整体意象与城市自然特征及生态状况是否协调	（1）公共空间体系与公共交通是否形成良好的组织关系、具有较强的可达性； （2）公共空间体系与步行系统是否具有较好的结合关系，实现彼此较好的联系性和渗透性	（1）公共空间主体类型和空间意象是否能够反映城市的战略定位和文化精神意象； （2）公共空间的类型、分布和意象等与城市的地域精神和价值取向相一致； （3）公共空间的类型、分布和意象以及公共空间体系对城市文化和精神是否具有一定的引导作用

续表

	公共空间的景观体系评价要素	与公共空间相关联的契合性要素
总体评价标准	优秀的★★★★★ 在公共空间的建设和改造中，充分考虑它与各相关城市宏观因素间的契合关系；与当地的自然和人文因素结合紧密，形成系统化、具有地方特色和高生活品质的公共空间。 基本满意的★★★ 在公共空间的建设和改造中，能够基本考虑它与各相关城市宏观因素间的契合关系；在与当地自然特征相适应的情况下，公共空间景观体系具有较好的系统性、宜人性和可达性的基本特征，并形成良好的城市景观效果。 需要改善的★ 在公共空间的建设和改造中，缺乏对于宏观重要契合因素的考虑，缺乏相应的联系；与自然要素特征相背离，在公共空间体系上缺乏系统性、宜人性和可达性，未能形成良好的城市景观效果	

4.5.2 泉州公共空间宏观格局评价

泉州公共空间宏观格局评价方法见表 4.5–2。

泉州公共空间宏观格局评价方法 表 4.5–2

	以公共空间自身为主体的景观体系评价要素	与公共空间相关联的契合性要素		
评价要素	城市公共空间整体景观结构与布局	公共空间与城市自然特征的契合关系	公共空间与城市社会要素的契合关系	公共空间与城市综合交通的契合关系
泉州可抽取的相关重要要素的特征	（1）体系方面：以最早的十字街道为公共空间发展骨架； （2）类型方面：寺庙院落、滨水公园和沿街商业是主要的公共空间类型； （3）空间分布特征：公共空间依赖景观体系而建，两者间具有较为合理的协调、配合关系； （4）公共空间比例：内部都市型公共空间所占比例较低，城市外围自然生态型公共空间所占比例较大； （5）空间意象：公共空间最突出的意象是宗教特征	（1）太阳辐射总量较高、光热雨水都很充沛，漫长、炎热的夏季对公共活动影响较大； （2）泉州具有丰富的地貌特征：境内山峦起伏，丘陵、河谷、盆地错落其间； （3）有良好的生态基础和优秀的自然景观	（1）泉州战略定位是历史文化名城和国际性旅游城市，东南沿海工贸中心和港口城市； （2）泉州古城及历史特征尤为突出； （3）古城文化以宗教文化为主体，整体城市文化呈现多元化的特征； （4）泉州以拼搏进取精神为主体，在丰富的物质基础上，形成以逸乐、宜居等多元的价值取向	（1）城市道路呈不规则的方格网状结构，公共交通体系建设相对滞后； （2）老城区内道路以人行交通为主，新城区人行与车行并行

续表

<table>
<tr><th></th><th>以公共空间自身为主体的景观体系评价要素</th><th colspan="3">与公共空间相关联的契合性要素</th></tr>
<tr><td>泉州老城区分项评价</td><td>√公共空间体系比较完整
√公共空间类型以大型院落空间和城市公园为主
√建设密度高，公共空间分布较均衡，面积较大
√公共空间具有明确的主题意象，同时能反映地方文化特征</td><td>√公共空间根据自然生态特征、气候特点建设，大型院落空间拥有良好的自然生态资源，起到很好的遮阳和通风作用
√公共空间的类型和分布与当地自然景观、地形地貌等因素配比关系良好
√公共空间体系与自然山水、地形地貌、植被等自然要素结合较好，对当地气候具有较强的适应性
√入口标志性景观与其对应的公共空间结合紧密，对于公共空间的表现起到积极作用</td><td>√公共空间以寺庙院落为主，体现了泉州的城市文化主题，符合泉州历史文化古城的定位
√现有公共空间分布延续历史上公共空间分布特征，在使用功能上也没有太大变化，保留了该地域的价值取向特点
√公共空间体系完整、品质较高、气质较好，能突出一定的城市特征，对城市文化和精神起到一些引导作用</td><td>√车行道路网络稀疏，但整体原有道路体系连通性较为顺畅
× 公共交通能够将一些公共空间相互串联起来，但没有形成系统
√步行系统比较密集且基本呈网状分布
√公共空间与步行系统间存在有机联系，渗透性较强</td></tr>
<tr><td>老城区总体评价</td><td colspan="4">公共空间与景观体系结合良好，整体空间以道路为公共空间骨架结构的特征明确，具有明确、清晰、深刻的城市主题意象和识别性；
公共空间建设充分利用了自然生态资源的优势、与地形地貌的结合关系良好，对当地气候具有较强的适应性；公共交通体系不够完善，汽车、摩托车等现代交通方式的引入对城市原有步行系统有较大影响；对于城市形象而言，城市意象极其清晰和突出，空间分布、尺度、环境等与现有城市定位和城市意象相符合，但就目前定位而言，公共空间相关基础设施建设相对落后。
综合认为泉州古城具有良好的公共空间景观体系，与自然气候和地形地貌契合关系恰当，综合交通和相关基础设施存在一定的问题，但鉴于其清晰明确的城市意象、完好保存的城市风貌，其整体城市公共空间格局仍不失为较为优秀的典范</td></tr>
</table>

续表

	以公共空间自身为主体的景观体系评价要素	与公共空间相关联的契合性要素		
泉州新城区分项评价	×公共空间体系缺乏连续性和层次性 √公共空间类型以滨水绿地空间和广场为主 × 地域分布上很不均衡，与城市核心功能结合较差 × 建设强度高，公共空间分布失衡，所占比重较低 ×公共空间整体意象模糊	× 城市广场大多空旷，景观和绿化比例不大，没有达到遮阳、通风等自然气候的适应性要求 × 公共空间分布与自然山水、地形地貌的结合度较低，配合关系较弱 × 城市功能区与生态环境间的结合度不高，滨江道沿岸的自然公共空间的品质与外延性差，造成生态景观资源的极大浪费，有些水域甚至遭到污染 × 公共空间整体意象性与自然山水等生态要素间的结合度不高，协调性较差	√城市功能区车行道路网络分布密集，在城市建设区内形成较好的组织关系 ×公共交通与公共空间缺乏有机联系，可达性较弱 ×步行交通没有形成系统，各步行路间缺乏有机联系 ×公共空间与步行路之间联系不够紧密、结合度较差，渗透性不强	× 公共空间以广场为主，缺乏关于泉州相关文化特征的表现，对于泉州的战略定位和文化精神没能予以展现 × 设计手法上没有新意，也没有结合泉州的历史文化，形成的空间比较单调、空洞，城市的形象定位与公共空间体系相脱节 × 公共空间缺失情况比较严重，且在空间塑造上未能展现城市特色，品质较差；公共空间体系中包含的人文因素相对较少，未能对城市文化和精神起到一定的指导作用
新城区总体评价	公共空间体系缺乏系统规划，层次、分布、类型选择等均相对含混杂乱，城市整体形象趋于现代国际化和同一化； 公共空间整体类型与自然气候契合关系不强，与地形地貌特征的结合度考虑较弱；车行为主的交通方式对公共空间道路体系腐蚀较为严重，公交体系不够健全，同时缺乏独立的人行系统；城市意象趋同性强，城市形象的独特性和可识别性较弱。 综合认为泉州现有中心城区在城市建设飞速发展的同时，对公共空间体系缺乏足够的重视和相关的规划设计考虑，整体城市公共空间结构和体系相对混乱，有待进一步深入分析并进行有针对性的逐步改善			

公共空间场所感

——城市公共空间中微观层面研究

5.1 城市空间的场所感

5.1.1 场所的构成

城市设计活动能够创造和增强潜在的场所感（Montgomery，1998）。

场所是由个人或群体与空间的相互关系产生的（图 5.1–1），是人的活动和意象，在形式的基础上赋予一个空间特定的意义。这三者互相影响，对于场所的形成起到决定性作用。城市设计正是通过对人的活动和意象的研究，以形式来塑造空间，创造和增强场所感。

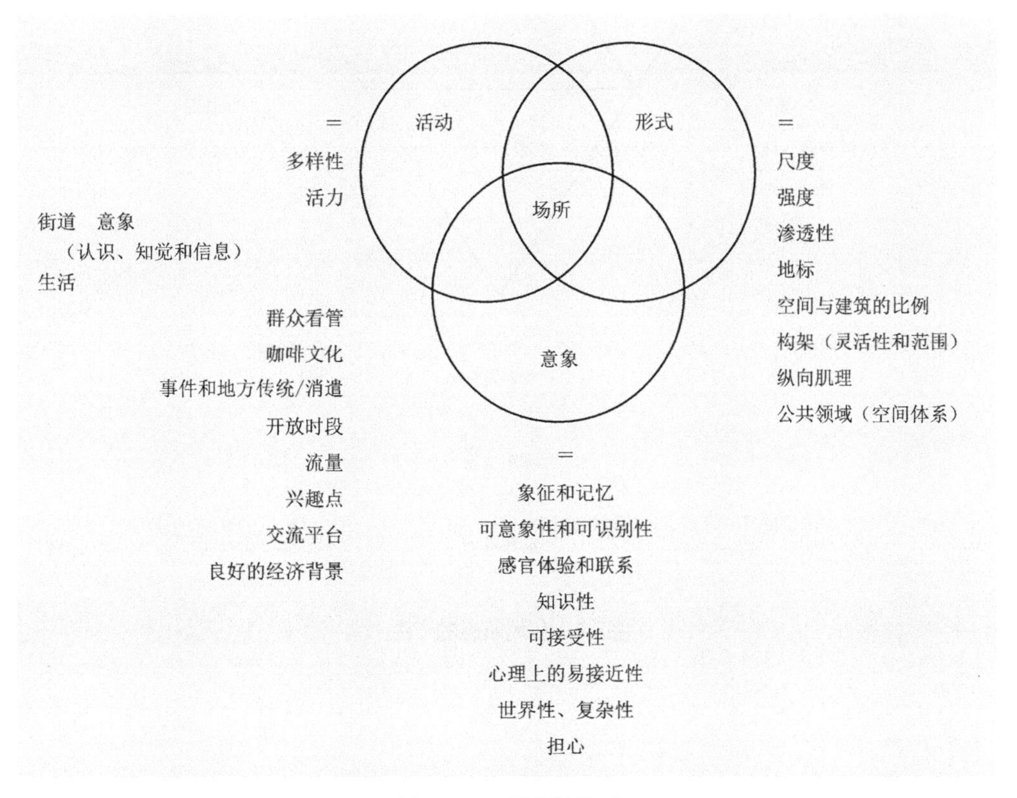

图5.1–1 场所的构成

5.1.2 场所感的产生

场所是活动加上其物质属性和意义共同的结果。

场所感的产生，不仅是物质环境的形态意义。活动、意义对场所感的营造同样重要（图 5.1–2）。场所感强调归属感与场地的情感联系。成功的场所通常具有生气和活力，所以需要考虑人的活动，对空间赋予意义，才能塑造优良的场所感。

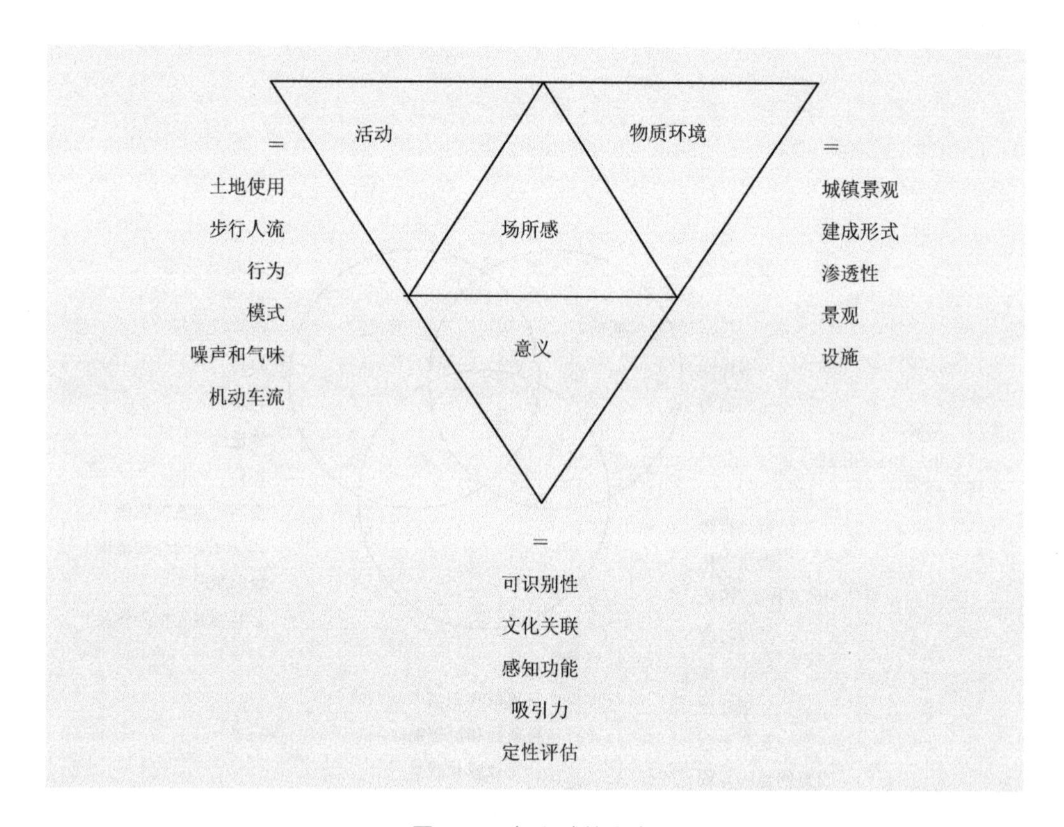

图5.1–2 场所感的产生

5.1.3 成功场所的关键特性

塑造成功场所的关键：舒适和意象，通道和联系，使用和活动，以及社交性（表 5.1–1）。

成功场所的关键特性 表5.1-1

关键特性	品质		措施
舒适和意象	安全 吸引力 历史 魅力 精神性	可坐憩 适宜步行 绿化 清洁	犯罪统计 卫生评价 建筑条件 环境数据
到达和联系	可读性 适宜步行 可靠性 连续性	亲近 连通性 便利 可达性	交通数据 形式上的分离 公共交通的分离 步行活动 停车模式
使用和活动	真实 可持续性 专门 独特性 支付能力 趣味	活力 有效性 庆典 活力 本土性 “自产”品质	不动产价值 租金水平 土地使用模式 零售 本地商业所有权
社交性	合作 睦邻 管理员 自豪 受欢迎的	闲谈 多样性 讲故事 友好 交互性	街道生活 社交网络 晚间使用 使用志愿者 女人、小孩和老人的数量

资料来源：Projects for public space，1999

一个成功的场所提供了一个能互相交流的公共平台，不仅是经济上的交流，更涵盖了社会和文化的交流。场所给人们的交流提供了一个良好的载体。为了给人更愉悦和舒适的感受，需要相应的设计和措施来增强场所感。

5.2 活动

5.2.1 户外生活的主要类型

人的活动是空间产生的源泉，同时也是衡量空间真实性及品质的标准。

按照扬·盖尔的理论体系，户外活动经简化可以划分为三种类型：必要性活动、自发性活动和社会性活动。

每一种活动类型对于物质环境的要求都大不相同。

1. 必要性活动

（1）各种条件下都会发生

日常工作和生活事务属于这一类型，如上学、上班、购物、等人、候车、出差、递送邮件等。换句话说，就是人们在不同程度上都要参与的所有活动，例如日常发生的经济性活动、社交性活动等。

（2）发生条件

因为这些活动是必要的，它们的发生很少受到物质构成的影响，一年四季在各种条件下都可能进行，相对来说与外部环境关系不大，参与者没有选择的余地。

2. 自发性活动

（1）只有在适宜的户外条件下才会发生

自发性活动是在人们有参与的意愿，并且在时间、地点可能的情况下才会产生。这一类型的活动包括散步、呼吸新鲜空气、驻足观望有趣的事情以及坐下来晒太阳等休闲性活动。

在更大范围内的宗教性活动、政治性活动也应该归属于这一类活动。

（2）发生条件

这些活动只有在外部条件适宜、天气和场所具有吸引力时才会发生。

对于物质规划而言，这种关系是非常重要的，因为大部分宜于户外的娱乐消遣活动恰恰属于这一范畴，这些活动特别有赖于外部的物质条件。中国的自发性宗教祭祀活动属于这一范畴。

3. 社会性活动

社会性活动是指在公共空间中有赖于他人参与的各种活动，包括儿童游戏、互相打招呼、交谈、各类公共活动以及最广泛的社会活动——被动式接触，即仅以视听来感受他人。

发生条件：这些活动可以被称之为“连锁性”活动，因为在绝大多数情况下，它们都是由另外两类活动发展而来的。这种连锁反应的产生，是由于人们处于同一空间，或相互照面、交臂而过，或者仅是过眼一瞥。

其发生对空间要求不高，在开放的无阻隔的视听范围内均能发生。

5.2.2 户外公共生活——交往的必要性

1. 交往的接触强度分析

户外公共生活主要位于强度序列表下部的低强度接触。

它既是一类单独的接触形式，也是其他更为复杂的交往的前提。

2. 户外公共生活的被动式接触可能为下列活动提供机遇

（1）轻度的接触；

（2）进一步建立其他程度的接触；

（3）保持已建立起来的接触；

（4）了解外界信息的各种信息；

（5）获得启发、受到刺激。

由此来看，公共生活是建立城市与社会人际联系的重要纽带，其对于增强市民的城市归属感具有重要意义。

5.2.3 户外活动与户外公共空间物质环境的关系

1. 公共活动与公共空间的质量关系

当户外空间的质量不理想时，只能发生必要性活动。

当户外空间具有高品质时，尽管必要性活动的发生频率基本不变，但由于物质条件更好，它们显然有延长时间的趋向。然而，由于场地和环境布局宜于人们驻足、小憩、饮食、玩耍等，大量的自发性活动会随之发生。

在品质低劣的街道和城市空间，只有零星的极少数活动发生，人们匆匆赶路回家。而在良好的环境中，情况却截然不同。

2. 户外活动对城市公共空间提出的广泛要求

（1）为必要性的户外活动提供适宜的条件；

（2）为自发的、娱乐性的活动提供合适的条件；

（3）为社会性活动提供合适的条件。

同时这也是本书对城市公共空间形态研究的基本出发点和评判标准。

3. 活动本身对活动的促进要求

（1）通过积极的城市活动引导积极的城市空间；

（2）依靠事件引发活动，增加城市空间的活力和场所感。

4. 活动与公共空间社会品质

活动与城市公共空间的评判标准包括活动强度和活动复合度。

（1）活动强度

人活动的强度反映着市民对一个广场、公园的接受程度。在一般情况下，活动强度越高，市民对广场的喜爱程度就越高，反之则越低。

（2）活动复合度

公共空间应是一种能够非常广泛地容纳各种活动的、完整的、有机的社会空间体系。人活动的复合度反映着一个城市公共空间对于市民不同活动方式的支持程度。作为城市公共生活的舞台，它应该具有足够的魅力，吸引尽量多的不同活动的参与者。活动的复合度可以从不同活动种类的数量中得到体现。

5.2.4 城市公共空间的活跃性调查

对泉州主要公共空间进行民众问卷、网络投标以及实地调查分析，重点针对公共空间承载的活动及类型、各类活动的强度及复合度进行详细分析（图 5.2–1），最终得到泉州公共空间受欢迎程度的评价。

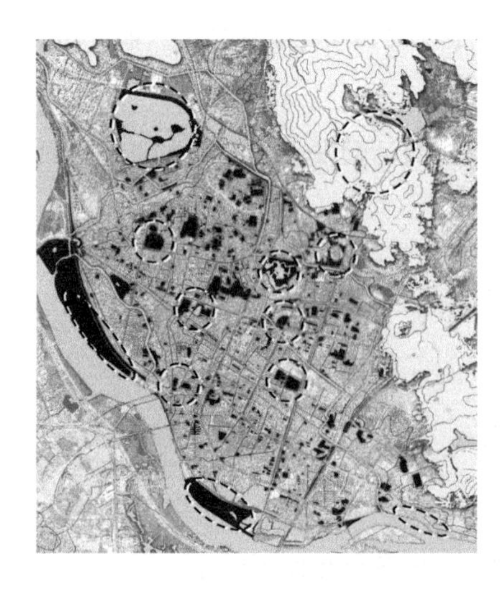

样本区域	活动内容	强度	复合度
开元寺	宗教 旅游 参观 休憩 娱乐	中	中
文庙广场	宗教 旅游 参观 商业 休憩 娱乐 文化 穿行	中	强
天后宫	宗教 旅游 参观 休憩 娱乐	中	中
文化宫周边	休憩 谈话 娱乐 宗教 穿行	中	中
丰泽广场	商业 娱乐 穿行 停车	低	弱
体育中心广场	穿行 停车 集散	低	弱
西湖公园	旅游 观光 休憩 散步 停车 穿行	高	强
东湖公园	休憩 观光 散步	低	弱
刺桐公园	休憩 散步	低	弱
滨江绿带	休憩 散步 穿行	低	弱
青源山	旅游 观光 商业 休憩 体育	高	中

图5.2–1　泉州公共空间分布与活动分析

1. 民众问卷调查结果

最受欢迎的公共场所：西湖公园、清源山。

受欢迎度一般的公共场所：东湖公园、文庙广场、开元寺、天后宫、古树下的空间。

受欢迎度较低的公共场所：丰泽广场、滨江绿带、街头空间、法石滨江区域。

2. 调查结果原因分析

自然型空间颇受欢迎；

环境安逸、具有文化意象的空间场所较受欢迎；

卫生差、环境嘈杂、可达性不高的区域不受欢迎。

5.3 形式

选择泉州不同时期形成的空间肌理和街道空间（图 5.3-1），包括公共建筑附属空间、城市广场、复合型公共空间三种类型的典型代表街区，以及不同等级的多条道路，以此作为实际调研对象展开本节内容的详细分析。

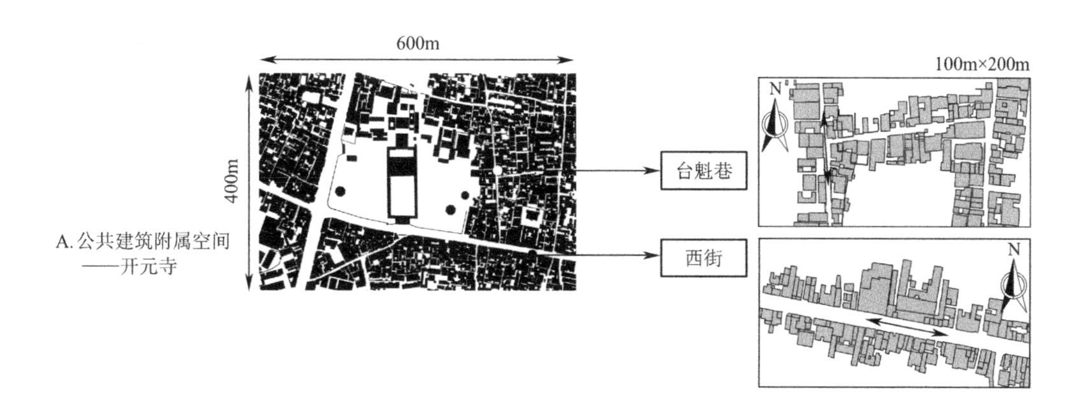

图5.3-1 选择分析空间类型（一）

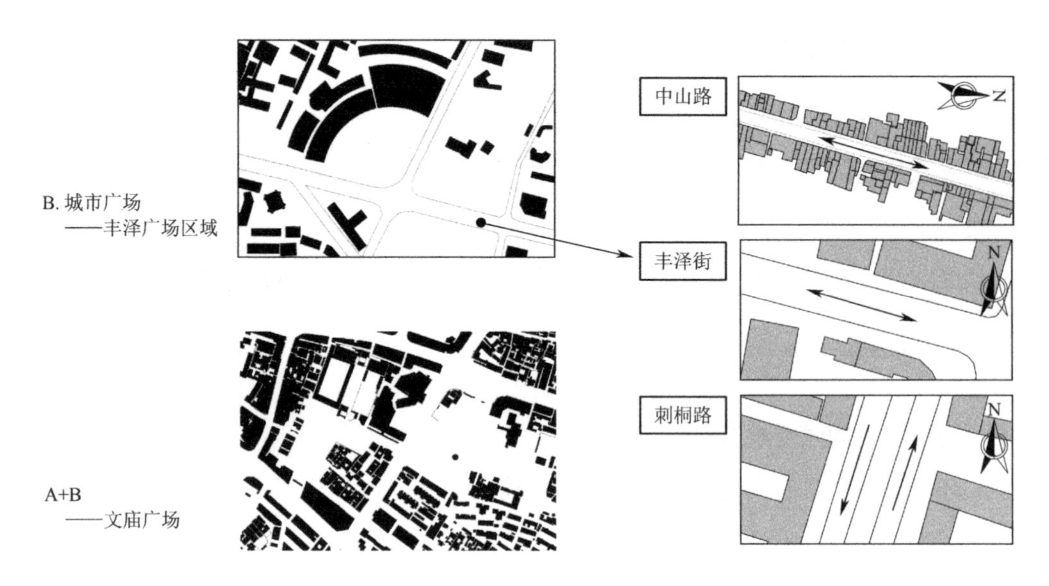

图5.3-1 选择分析空间类型（二）

5.3.1 空间形态与建设强度

1. 肌理形态——传统与现代的城市肌理

传统与现代的城市肌理呈现出明显的差异性（图 5.3–2）:

（1）传统的城市肌理形态是完整的、连续的、小尺度很好啮合的街道网格模式;

（2）现代的城市肌理由隔离的、内向的“亭子式”建筑组成。

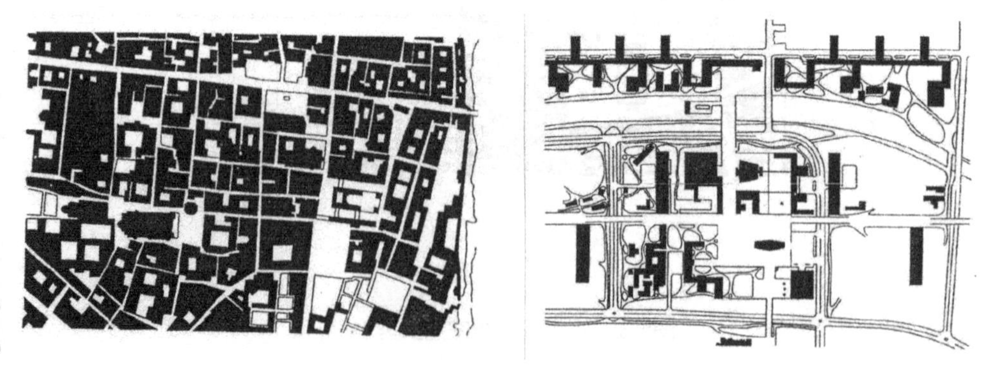

图5.3-2 传统与现代城市肌理对比

2. 建筑密度

建筑密度相同，公共空间和私有空间的布置是不同的（图5.3–3）。

建筑密度与城市的结构组合形式通常认为有三种不同的形态：

（1）矗立于开敞空间中的高层开发，可以产生较大尺度的公共空间，但空间场所感较弱；

（2）低层建筑排布式开发，可以产生线性街巷空间，空间形态较为单一，更多为通过式空间；

（3）中等强度的围合式开发，相对容易产生围合性空间，空间场所感较强。

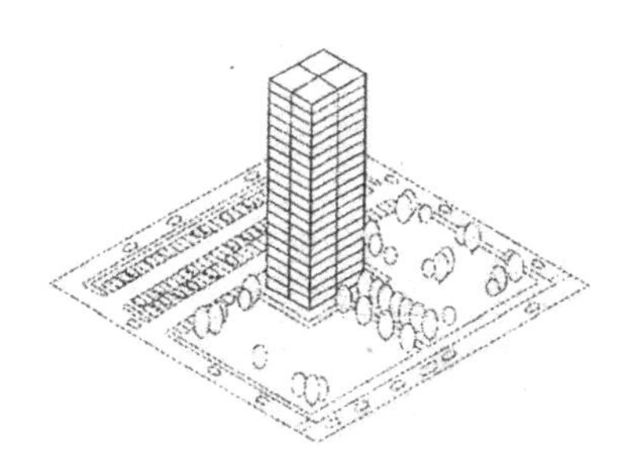

——矗立于开敞空间中的高层开发
没有私人花园，居住者可直接获得的舒适感很差
建筑和周边街道没有直接联系
大面积的开放空间需要管理和维护

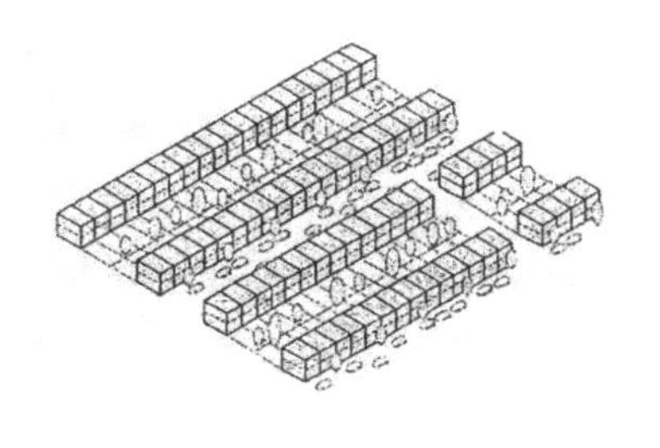

——低层建筑排布式开发
前后有花园
连续的临街面界定了公共空间
街道形成了清晰的公共空间模式
高的基地覆盖率使潜在的共有空间最小化

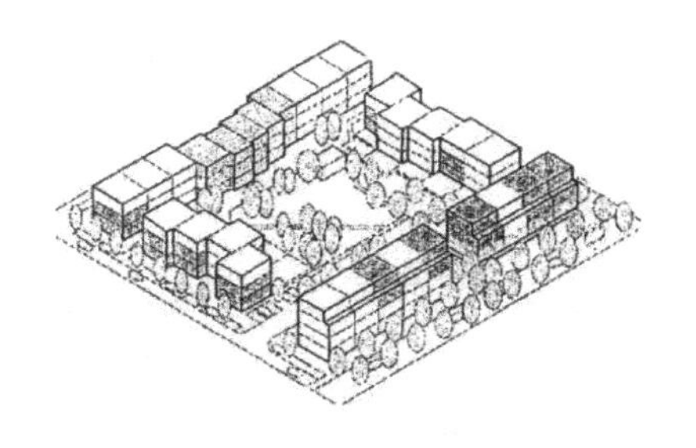

——中等强度的围合式开发
周边的建筑可以有不同的高度和配置
建筑围绕一个风景化的开放空间布置
开放空间可以包含一个基于社区的服务设施
商业和公共设施可以布置在地面层，以保持一个活跃的临街面
能获得可供使用的空间，例如后花园、公共区域或停车场

图5.3–3　相同开发强度下不同开发形式

3. 空间布局形态

相同的建筑和规模，通过设计师的规划设计，可以产生多种不同的布局形式，从而可以创造出不同类型的空间，产生不同的公共空间体验（图5.3–4）。

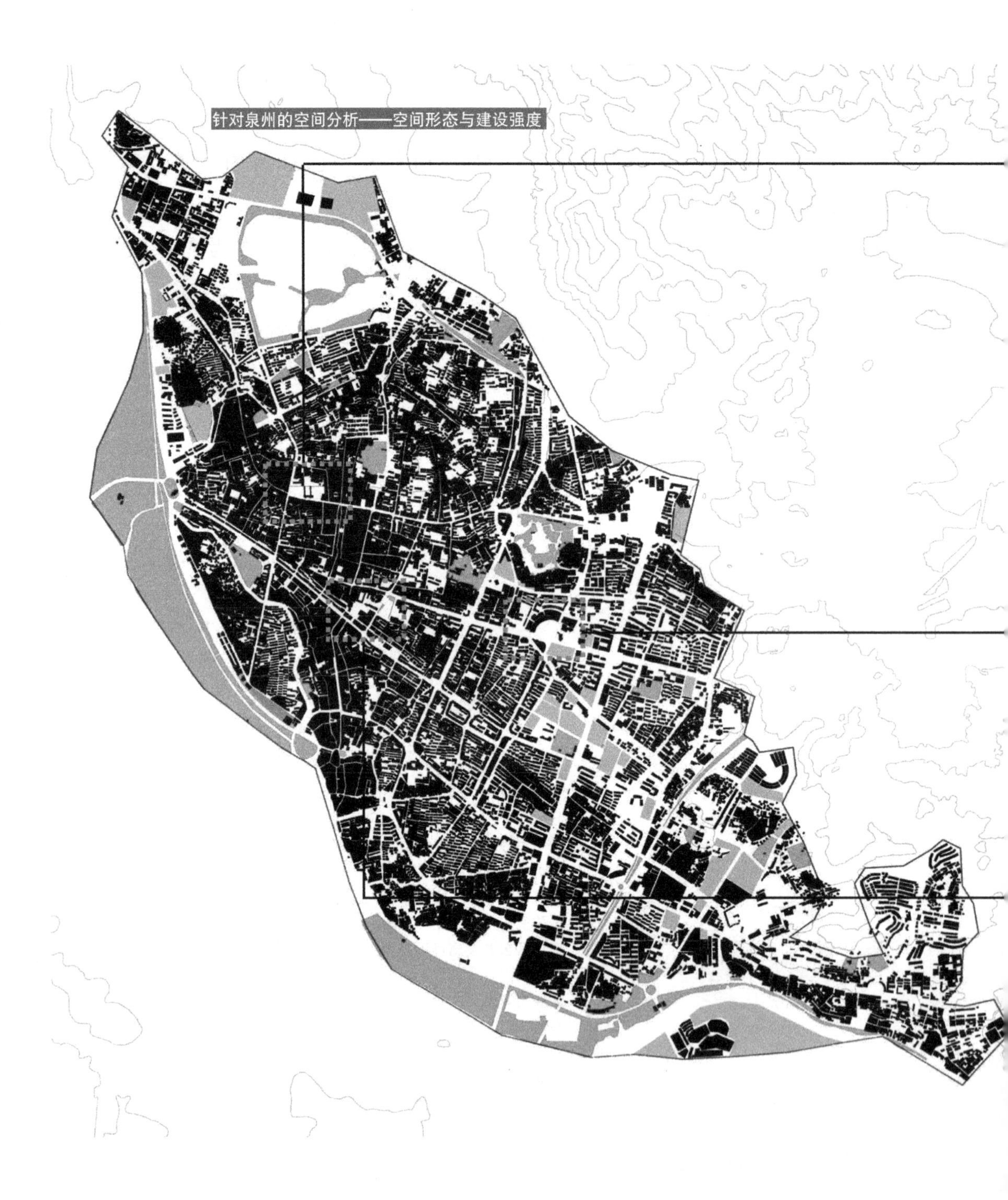
针对泉州的空间分析——空间形态与建设强度

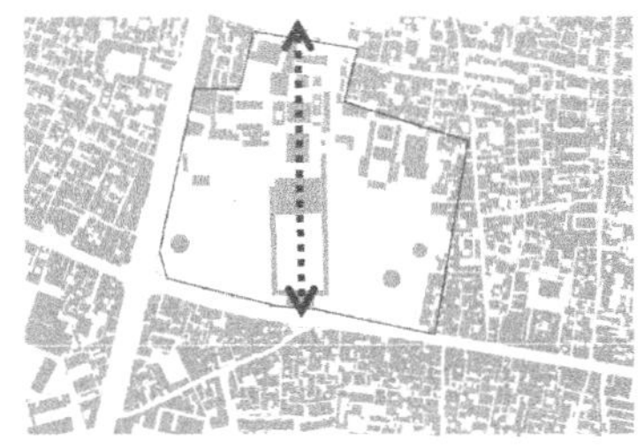

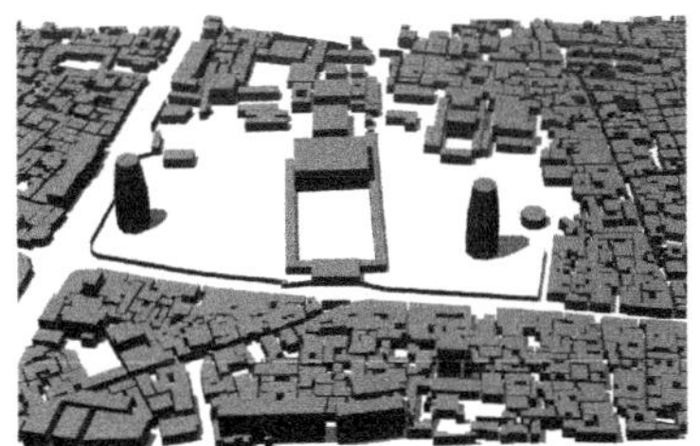

开元寺地块

研究区域　24hm²

建筑面积　12.52 万 m²

高密度低容积率

围合状院落

临广场道路等级为支路

空间轴线对称布局

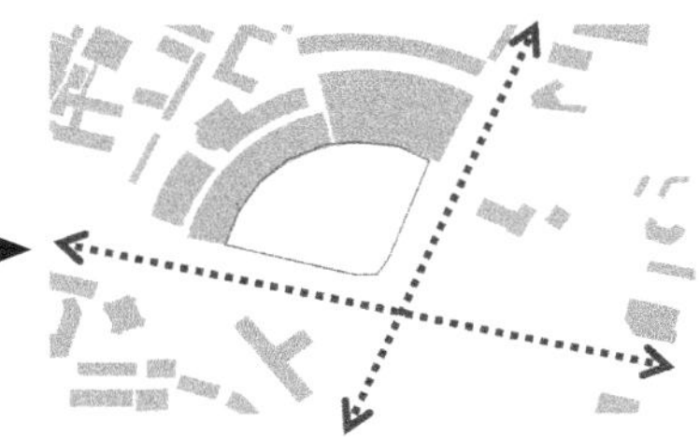

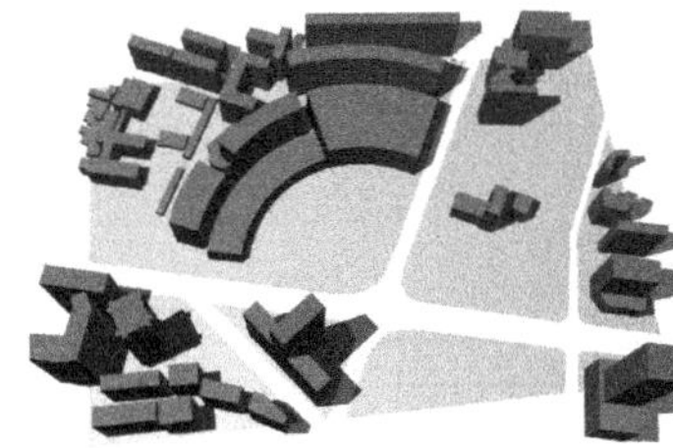

丰泽广场

研究区域　24hm²

建筑面积　5.58 万 m²

区域建设密度　0.23

中等密度高容积率

扇形广场区，由大型公共建筑围合

临广场道路等级为交通性主干道

规则形态，依靠道路界定，不具备轴线关系

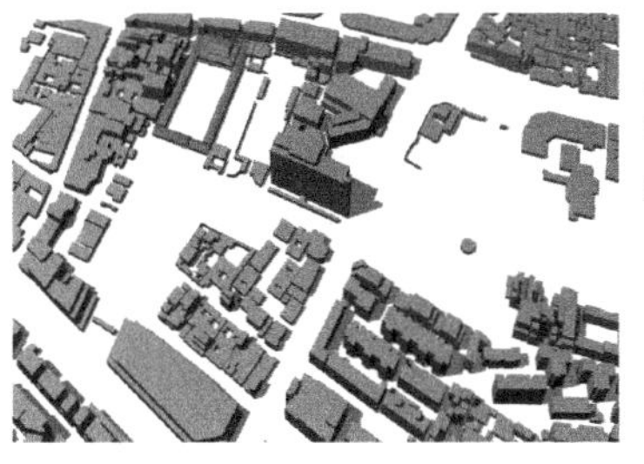

文庙地块

研究区域　24hm²

建筑面积　9.08 万 m²

区域建设密度　0.38

传统与现代肌理混合区

周围建筑与水共同界定空间范围

周围道路级别多样，有主干道和次干道，广场与多条道路相接。

空间轴线对称布局

泉州传统区域具有较高的建设密度，空间界定清晰，具有明确的临街界面，建筑与街道的联系较强，但公共空间覆盖率相对较低。

现代城市区域具有较低的建设密度，但空间界定不够明确，空间舒适感较差，建筑与道路联系不足。

开放式中心广场布局

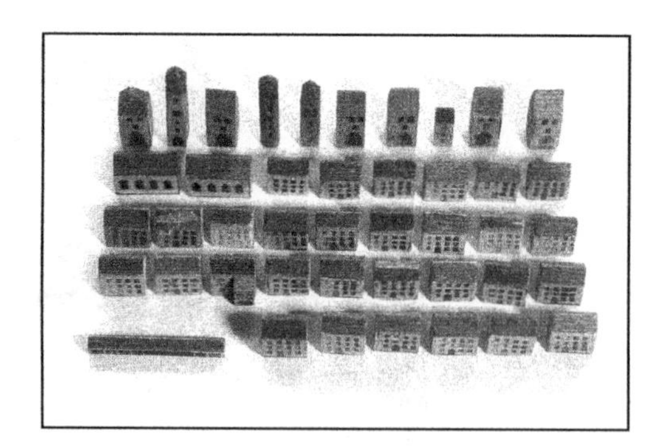

传统街巷式空间布局

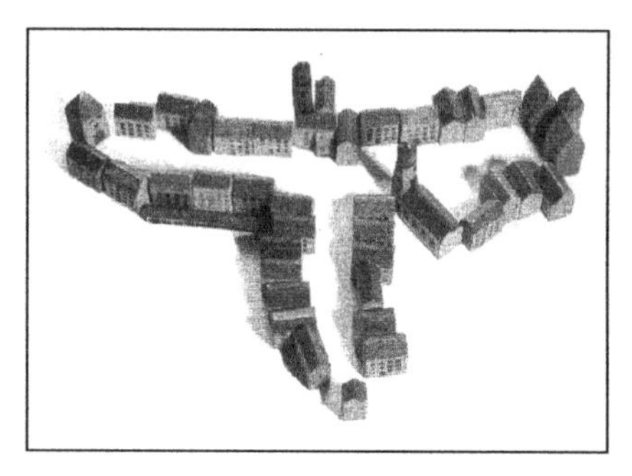

广场与道路相结合式的空间布局

图5.3-4　空间布局样式示意

5.3.2　等级与序列

1. 空间等级

空间等级是由若干空间层层相套，每个空间在序列中的地位不同。每一层级向下将空间分为更小的空间，小空间向上组成大空间。人在低层级的空间中，能感受到一部分更高层级的空间（图 5.3-5）。

图5.3-5　空间等级图例

2. 空间序列

空间序列是一些连续的、独立的空间场所，它们之间以通道相连，有一定的关联性，形成一个完整的序列（图 5.3-6）。人同时只能感受其中一个空间。在行进中空间不断变化，形成一个完整的空间序列印象。

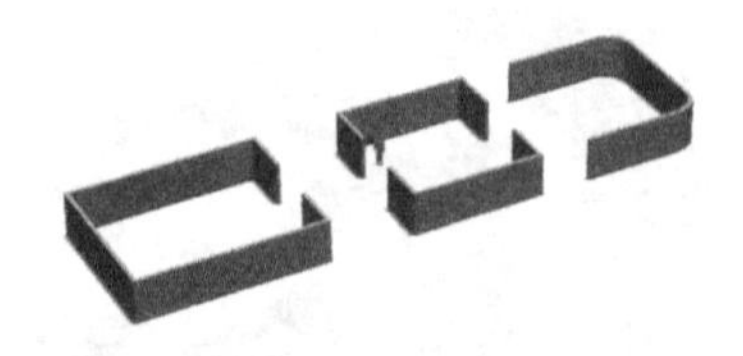

图5.3-6　空间序列图例

3. 道路与空间序列

道路引导人们阅读和感受空间。和道路联系紧密的空间开放性较强，人们能迅速到达，其特征不易被发觉，且环境较为嘈杂。

不在主要道路上的空间较难到达，其特征更为明显，相对而言环境安静，且有一定的私密性（图 5.3–7）。

线性空间的导向性非常明确，人们能迅速找到每一个单元空间，但是流线相对来说比较长。

成组群的空间序列关系较为复杂，不同的空间有融合的趋向，空间更有趣，但没有明显的导向性。

成排的空间沿着道路设置，有强烈的方向感，空间流线明确，容易辨别。空间之间没有主次之分。由轴线联系的两个空间是轴线的起点和终点，一般有比较重要或者特殊的意义，轴线起到强调的作用。

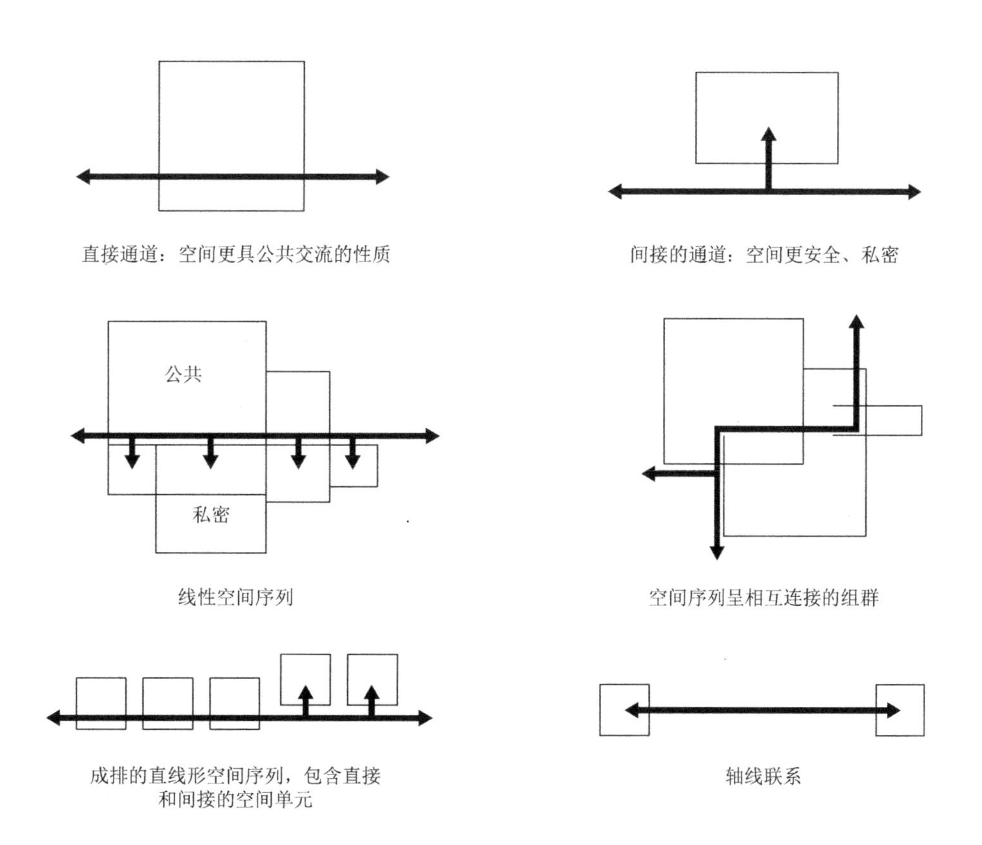

图5.3–7 道路与空间序列

针对泉州的空间分析——空间秩序

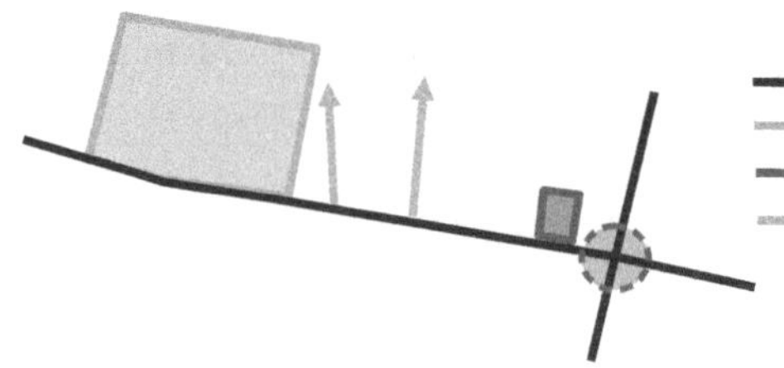

空间等级划分
第一级、主干道
第二级、标志性广场
第三级、小型广场、绿地
第四级、巷

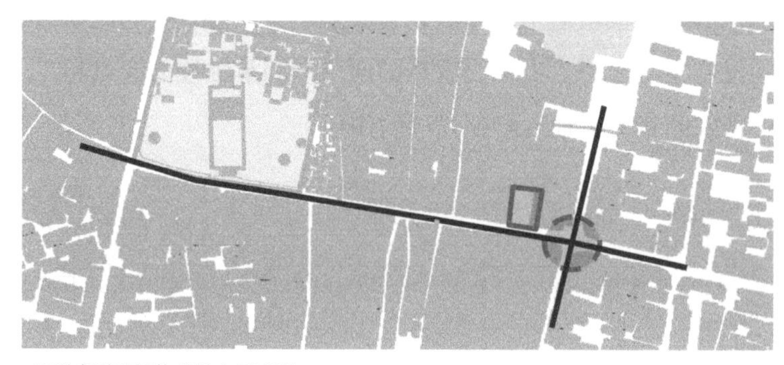

干道串联空间构成的空间序列

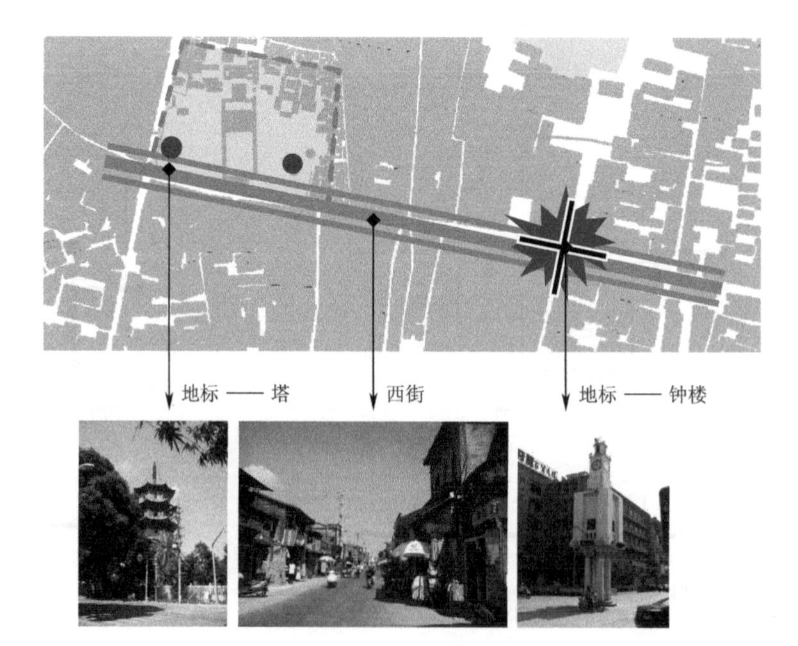

针对泉州的空间分析——空间秩序

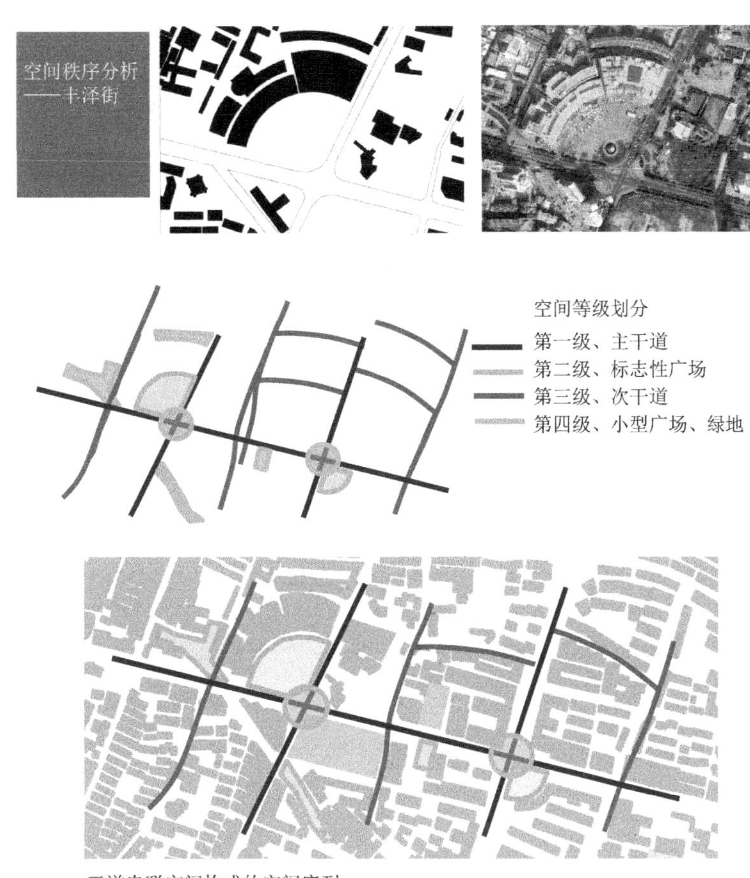

干道串联空间构成的空间序列

针对泉州的空间分析——空间秩序

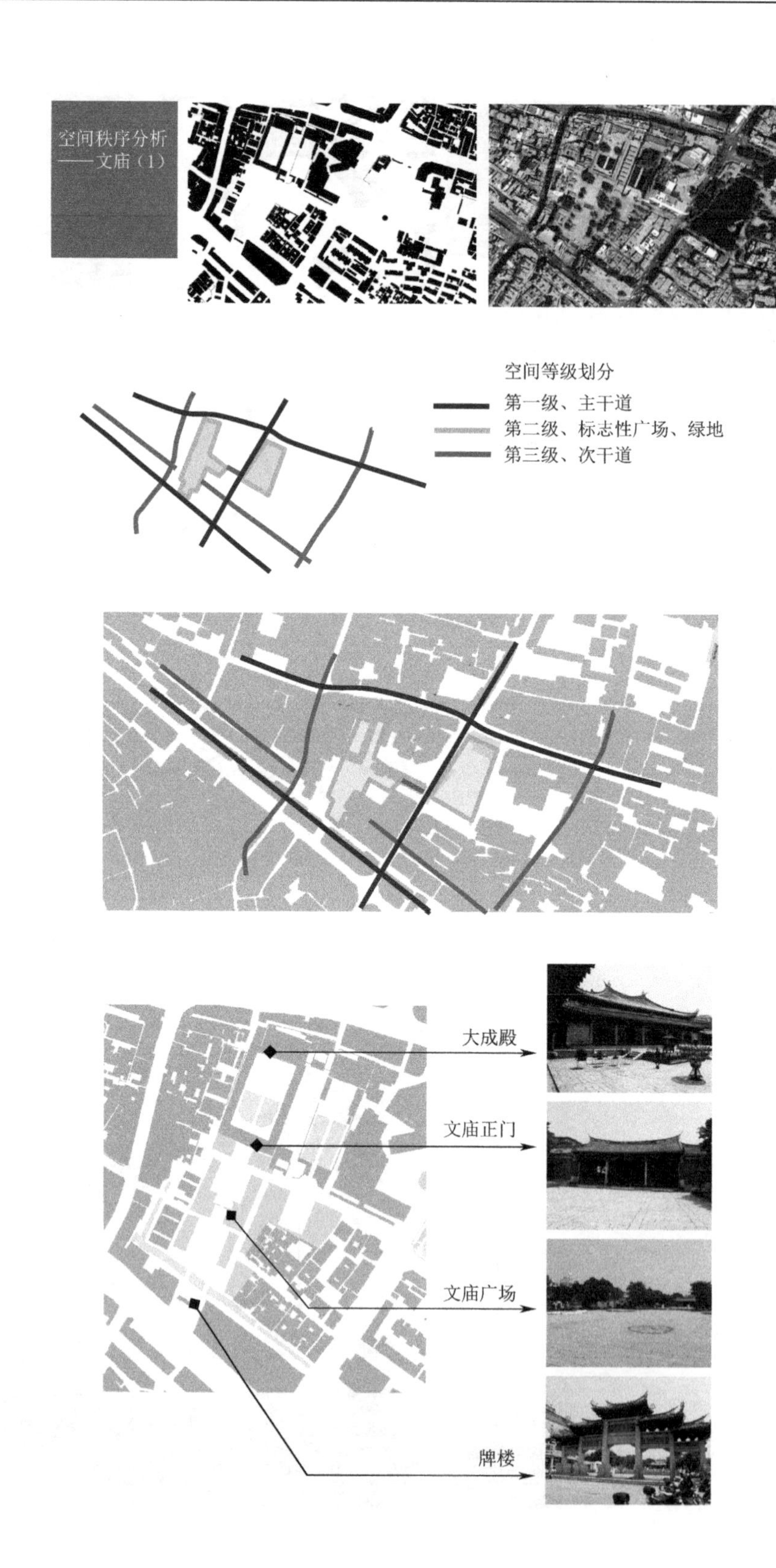

针对泉州的空间分析——空间秩序

街道巷落和空间内部均具有组群式的空间序列效果

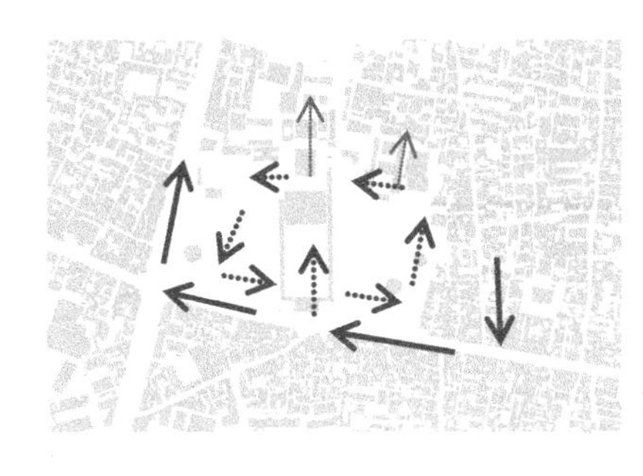

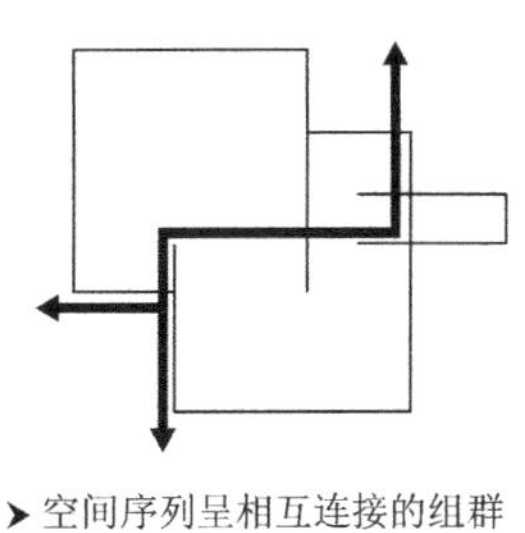

空间序列呈相互连接的组群

传统城市公共空间在空间序列层次上表现出多样性和
丰富性，除了沿街道串联成的城市空间序列体系外，
巷落街道空间的交错组合构成组群式的空间序列关系。

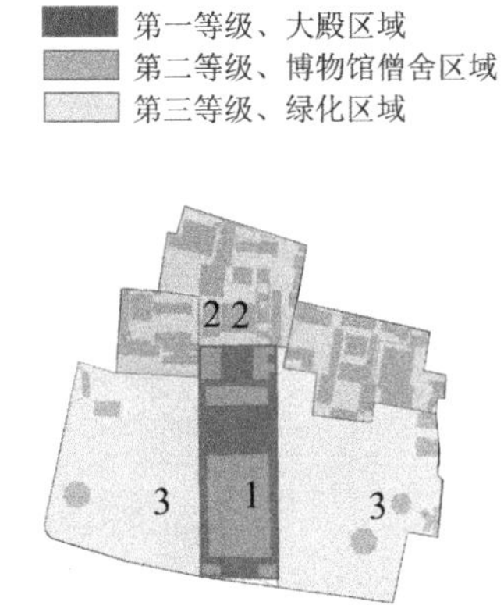

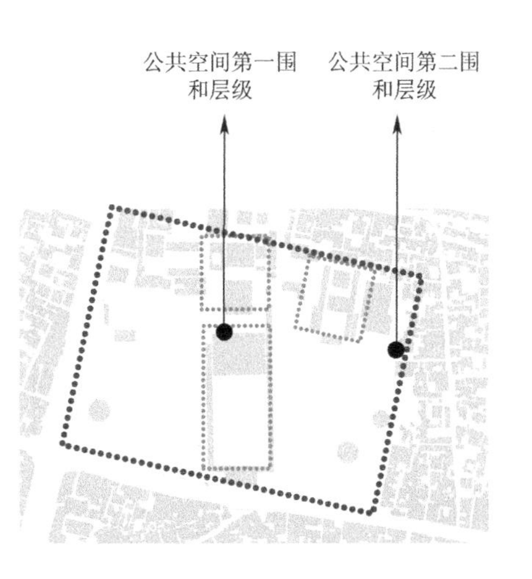

传统公共空间的围合状层级明确，中观和微观层面都具有强烈的空间等级感

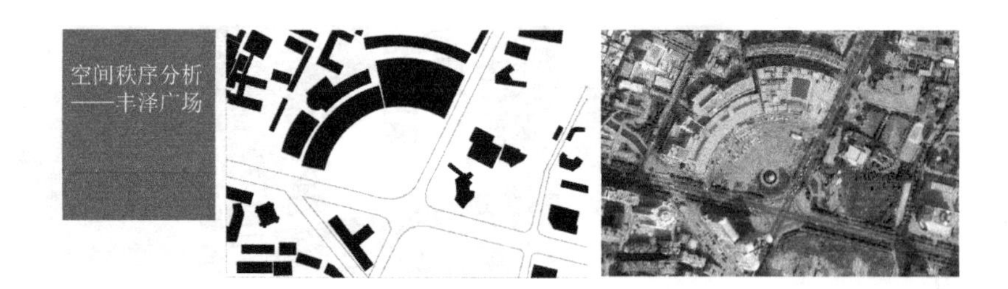

直线型步行路径造就的空间序列形式的单一

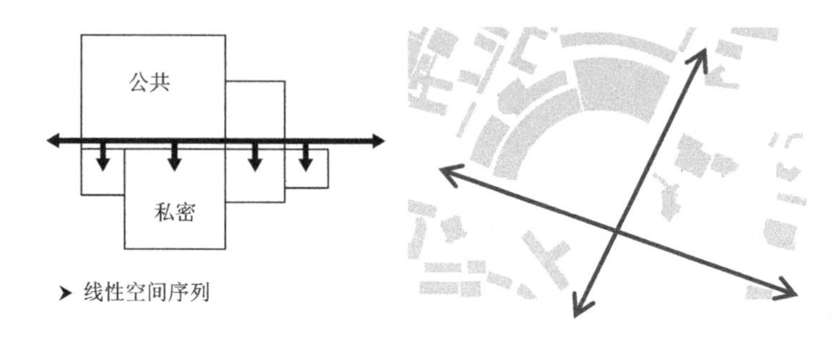

在相同尺度下，现代城区空间序列较为单一，主要为串联关系的空间序列特征，缺乏足够的趣味性和空间变化感受。

现代城区的广场空间开敞，微观层面的空间等级感大大减弱

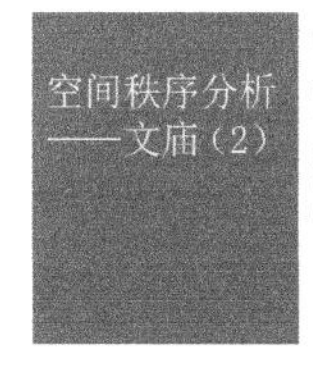

微观层面

传统公共空间在单独公共空间的塑造上，空间内部层次丰富，等级性更为鲜明而多样，空间自身也具有微观动感和序列性。

现代城市公共空间自身空间等级相对单一，缺乏多样的空间序列和动感体验。

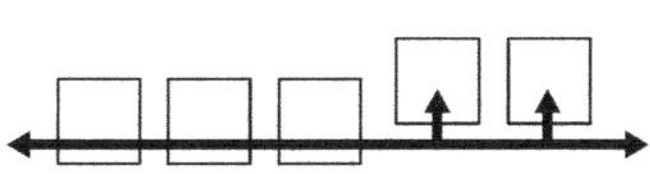

➤ 成排的直线形空间序列，有直接的空间单元，也有间接的空间单元。

文庙广场是传统与现代公共空间结合较好的类型，具有明显的线性序列的空间关系。

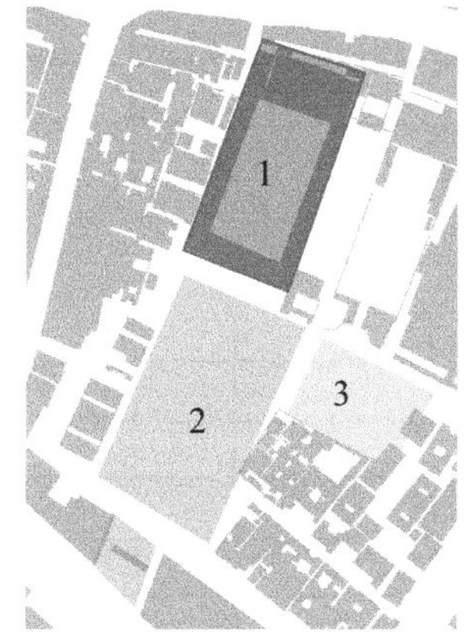

第一等级、府文庙
第二等级、文庙主广场
第三等级、东侧广场

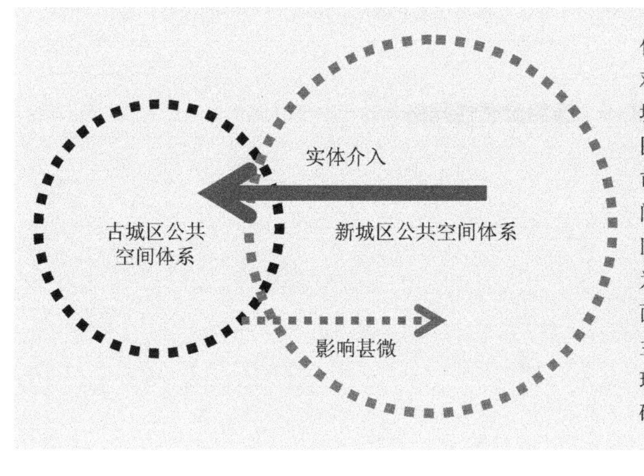

传统城市公共空间相对更为保守和私密，城市公共空间自身的围合感很强。现代城市建设对传统公共空间的影响，导致古城区公共空间现状表现为复合多元性。一方面传统空间层次仍为主导，另一方面局部现代城市公共空间生硬介入。

现代城区城市公共空间层次与现代生活模式有很大关系，空间单元性和社区性明显强烈，公共空间的区域界定明确，但传统空间层次对现代公共空间的影响甚微。

5.3.3 可达与阻隔

1. 渗透性

渗透性是指一个环境的穿越路线或在其中的路线的可选择程度（图 5.3–8）。

（1）视觉渗透

看到穿过环境的线路的能力。

（2）实体渗透

穿越环境的能力。

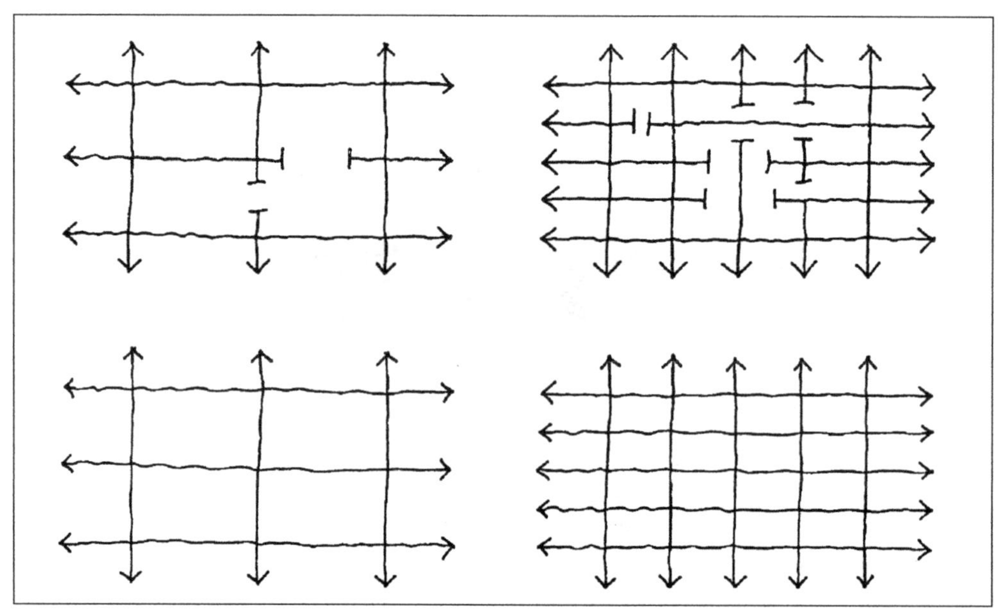

渗透性：交织很好的网格可以使人们在网格中以很多不同的方式到达另一个地方，粗糙的网格只能提供很少的方式。如果网格因为联系被切断或尽端路的形成而变得不连续，渗透性就会减弱。这在交织粗糙的网格中会有激烈的冲突。

图5.3–8　道路渗透性网格

2. 网格的变形

对实体渗透的作用不大，主要影响视觉渗透和潜在的活动。

传统道路网格的腐蚀：分等级的道路交通系统由一系列不同层级组成（图5.3-9）。

主干道、次干道等分别代表不同的层级，低层级、私人道路层级与高层级的道路联系的数量和开口数量受限制，以此加强高层次的交通流量。

例如，人行道数量的减少、过街天桥的架设、限制干道开口数量等，都是在加强各个层级的独立性。传统道路在向现代道路的转变过程中，渗透性是逐渐被腐蚀的。

渗透性减弱、选择机会减少、选择的单一需要对道路方向引导进行良好的规划和设计。

阶梯状街道系统特点为限定离散，产生识别感、社区感和内向的安全感，并最终发展成设置大门的封闭区域。

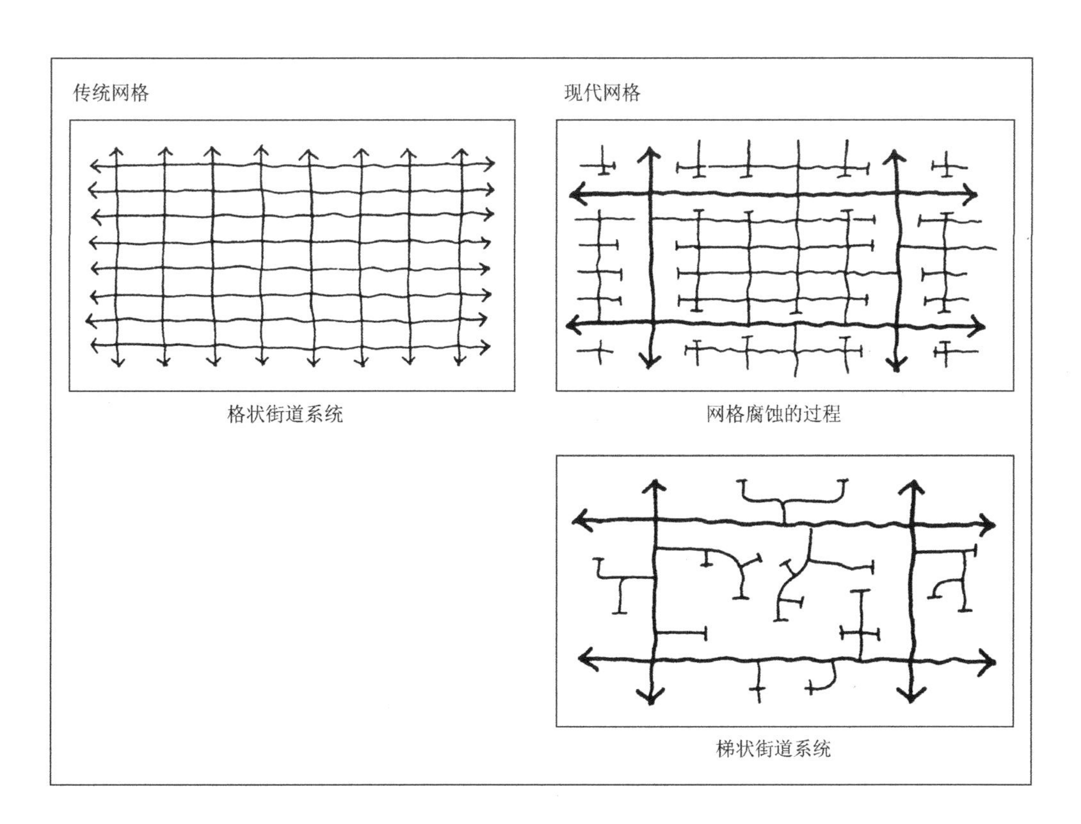

图5.3-9 传统道路网格的被腐蚀过程

针对泉州的空间分析——可达与阻隔

视觉渗透与实体渗透的关系和矛盾

泉州古城区域交通是以步行为主导的，因此视觉渗透与实体渗透是一致的，即人可以依靠视觉看到景观的影响，来实现直接到达的目的。

现代城区以车行交通为主导，对于接入口和人行进行限制，因此视觉渗透与实体渗透表现出相互矛盾。例如，人若到达直接看到的目标空间，受车行阻隔的限制，必须选择绕行等方式。

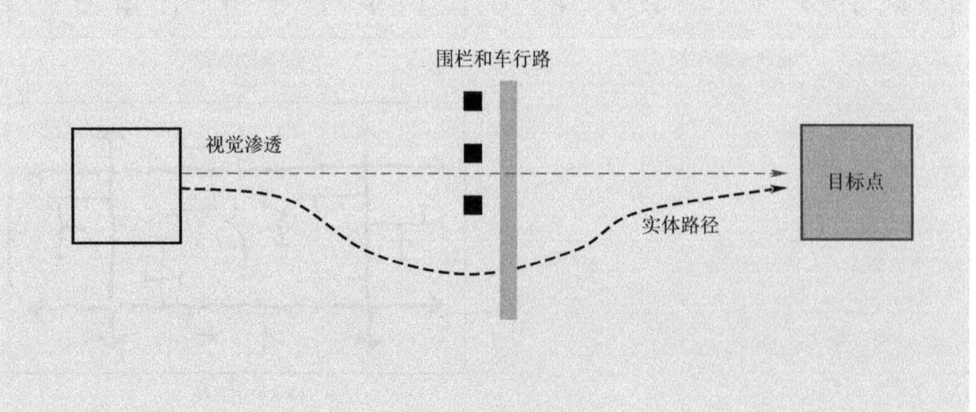

传统城市区域道路渗透性：

传统区域道路渗透性良好，道路系统网格性较强。

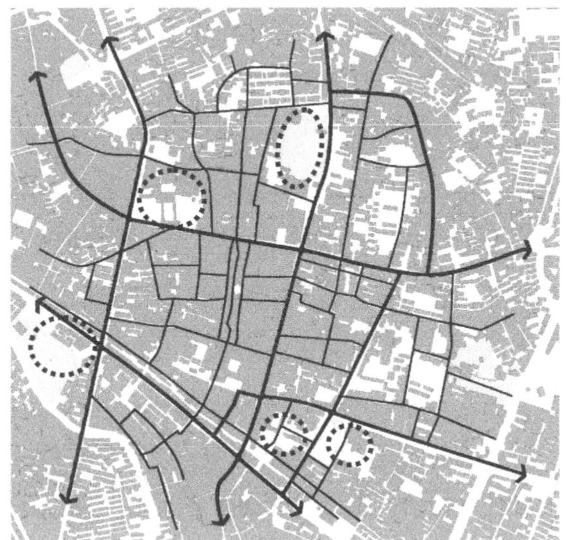

现代城市区域道路渗透性：

现代城市道路等级鲜明，道路层级互通性差，整体渗透性很弱，网格体系腐蚀相对严重。

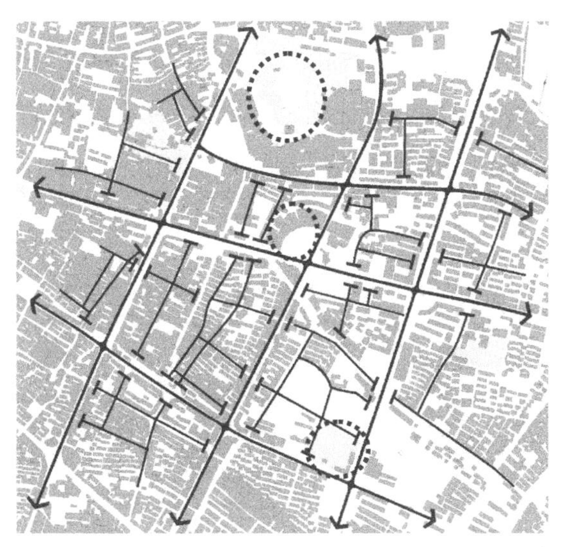

5.3.4 尺度与比例

1. 空间尺度

（1）听觉

听觉具有较大的工作范围。在 7m 以内，耳朵是非常灵敏的，在这一距离进行交谈没有什么困难。大约在 30m 的距离，仍可以听清楚演讲，例如建立一种问—答式的关系，但已经不可能进行实际的交谈。

超过 35m 倾听别人的能力就大大降低了。有可能听见人的大声叫喊，但很难听清楚他在喊些什么。如果距离达到 1km 或者更远，就只可能听见大炮声或者高空喷气飞机引擎声这样极强的噪声。

（2）社会距离

在《隐匿的尺度》一书中，爱德华・T・霍尔定义了一系列的社会距离，也就是在西方政治及美国文化圈中不同交往形式的习惯距离（图 5.3–10）。

亲密距离（0 ～ 0.45m）是一种表达温柔、舒适、爱抚以及激愤等强烈感情的距离。

个人距离（0.45 ～ 1.30m）是亲近朋友或家庭成员之间谈话的距离，家庭餐桌上人们的距离就是一个例子。

社会距离（1.30 ～ 3.75m）是朋友、熟人、邻居、同事等之间日常交谈的距离。由咖啡桌和扶手椅构成的休息空间布局就表现了这种社会距离。

最后，公共距离（大于 3.75m）是用于单向交流的集会、演讲，或者人们只愿旁观而无意参与这样一些较拘谨场合的距离。

亲密距离（0~0.45m）

个人距离（0.45~1.30m）

社会距离（1.30~3.75m）

图5.3–10 社会距离

（3）尺度与行为方式

人行尺度——传统街区。

车行尺度——现代街区。

人在步行时能更直接地感受环境尺度，现代城市的超大尺度忽视了人的步行行为（图 5.3-11）。

环境尺度——人与环境的尺度和谐，环境尺度内在的和谐。

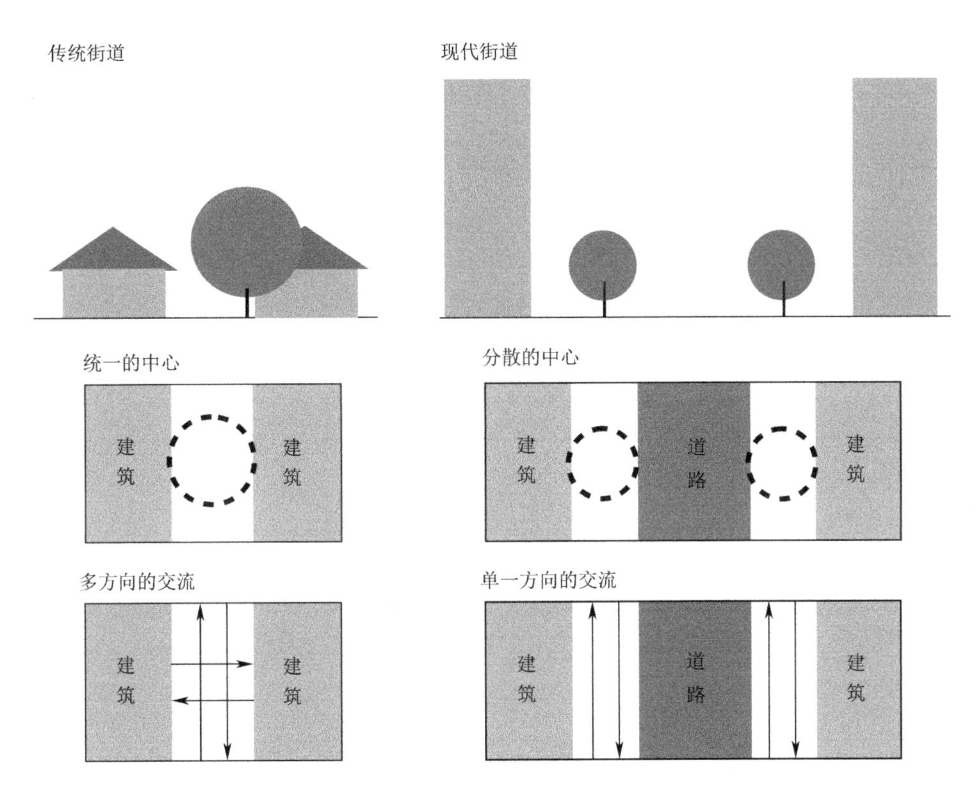

图5.3-11　尺度与行为方式

2. 空间比例

（1）街道与广场基面的长宽比（图 5.3-12）

街道——有动感的“动态空间”。

广场——较少有动感的静态空间。

比例——当平面上宽度和长度的比例为 1 ： 3 时，广场与街道形成过渡空间效果。超过 1∶5 时，主导坐标轴表征就是一条街道了。

出于视觉景观的需要，Sitte 推荐所有围合空间的关系都不要超过 3∶1。

（2）街道围合的高宽比

比例为 1∶4 的街道中，视野中天空大约是墙的 3 倍，产生围合感较弱。

1∶2 和 1 ： 2.5 之间的比例为街道提供良好的围合感。

1∶1 的比例基本为舒适街道的下限（图 5.3–13）。

建筑物高度超过空间宽度，则会产生戏剧性的效果。

不同比例的街道空间可以形成不同的阴影覆盖效果，尤其对于东西向道路影响较大，可产生不同的空间氛围和舒适度（图 5.3–14）。

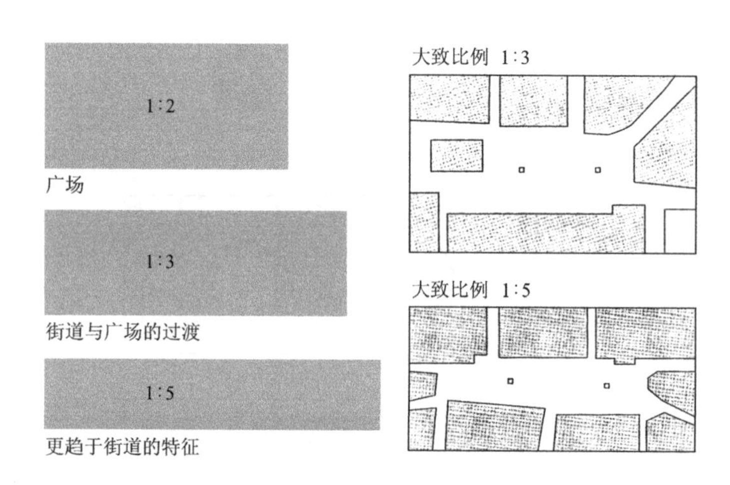

图5.3–12　街道与广场的比例

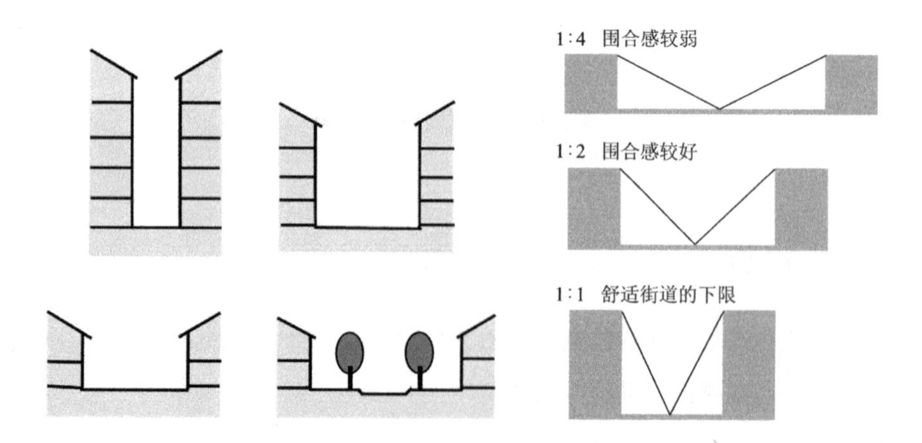

图5.3–13　街道围合的高宽比（建筑高度与街道宽度的比例）

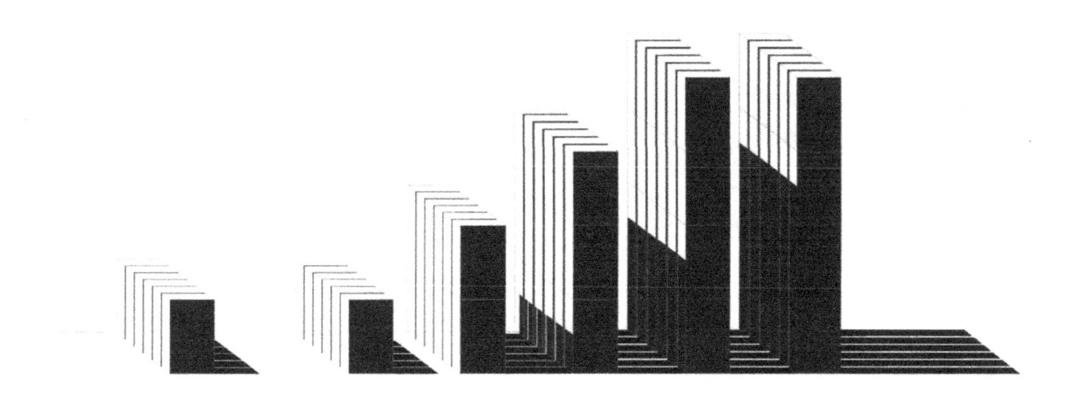

图5.3-14　不同街道高宽比的阴影效果

（3）空间比例与环境心理

空间本身的比例和观察者的位置决定了观察者对空间的不同感受。人的视野开阔或狭窄，形成对空间的不同认识。

观察者与空间边界的距离和视点与边界的高度之间的比例，决定了人的视角大小（图 5.3-15）。

比例为 1∶1 时，人看不见天空，空间的私密性比较强，有安全感，相对也有一定的局促感。

2∶1 为标准的建筑视点，有一定的围合感，但不显得局促。由于视角的限制，对边界的感受仍然比较强，所以有一定的隔离感。

比例为 3∶1 时，空间更为开放，能看见大部分天空，边界感继续减弱。

比例为 4∶1 时，空间已经很广阔。边界只起到很弱的作用，和周边环境有一定的分别。

比例为 10∶1 时，边界处的封闭感和安全感大大削弱，边界变得模糊，有一定的失落感，同时视野变得广阔，有自由的感觉。

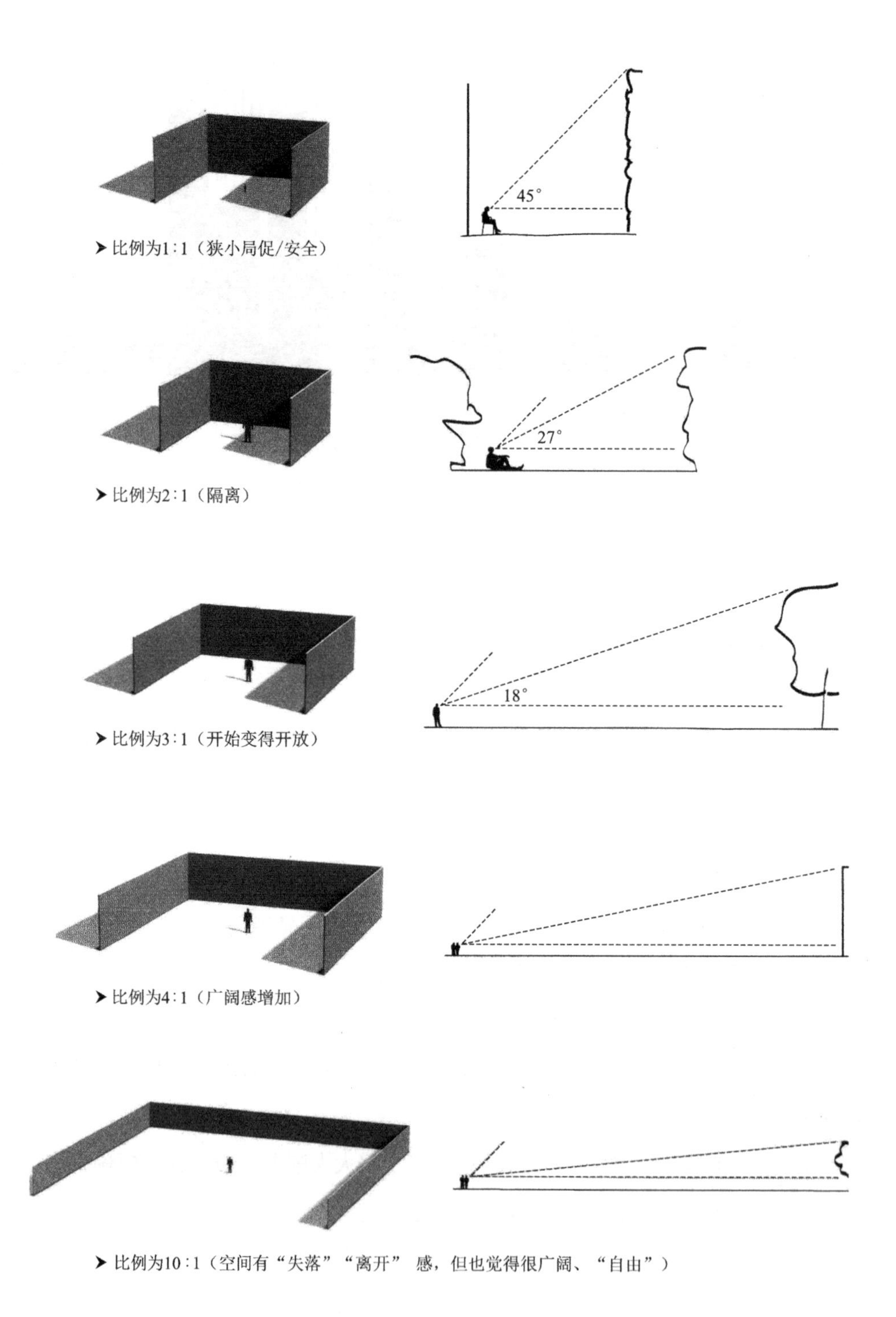

图5.3-15　空间比例与环境心理关系

——泉州空间比例与日照阴影关系

泉州全年的气候较好。夏天过于炎热是影响空间舒适度的主要因素。针对不同的空间比例，对阴影进行分析。上午的日照比较柔和舒适，整体感觉较好，所以重点选用 7 月中旬的日照，分析下午的空间阴影状况。

东西向空间较南北向空间能形成更多的阴影空间。建筑高度和间距的比例越大，其阴影时间越长。

对泉州而言，建筑与间距之间的比例从 2:1 开始，在夏日，空间可以获得较长时间的阴凉面，为人们提供更长的舒适的活动时间。

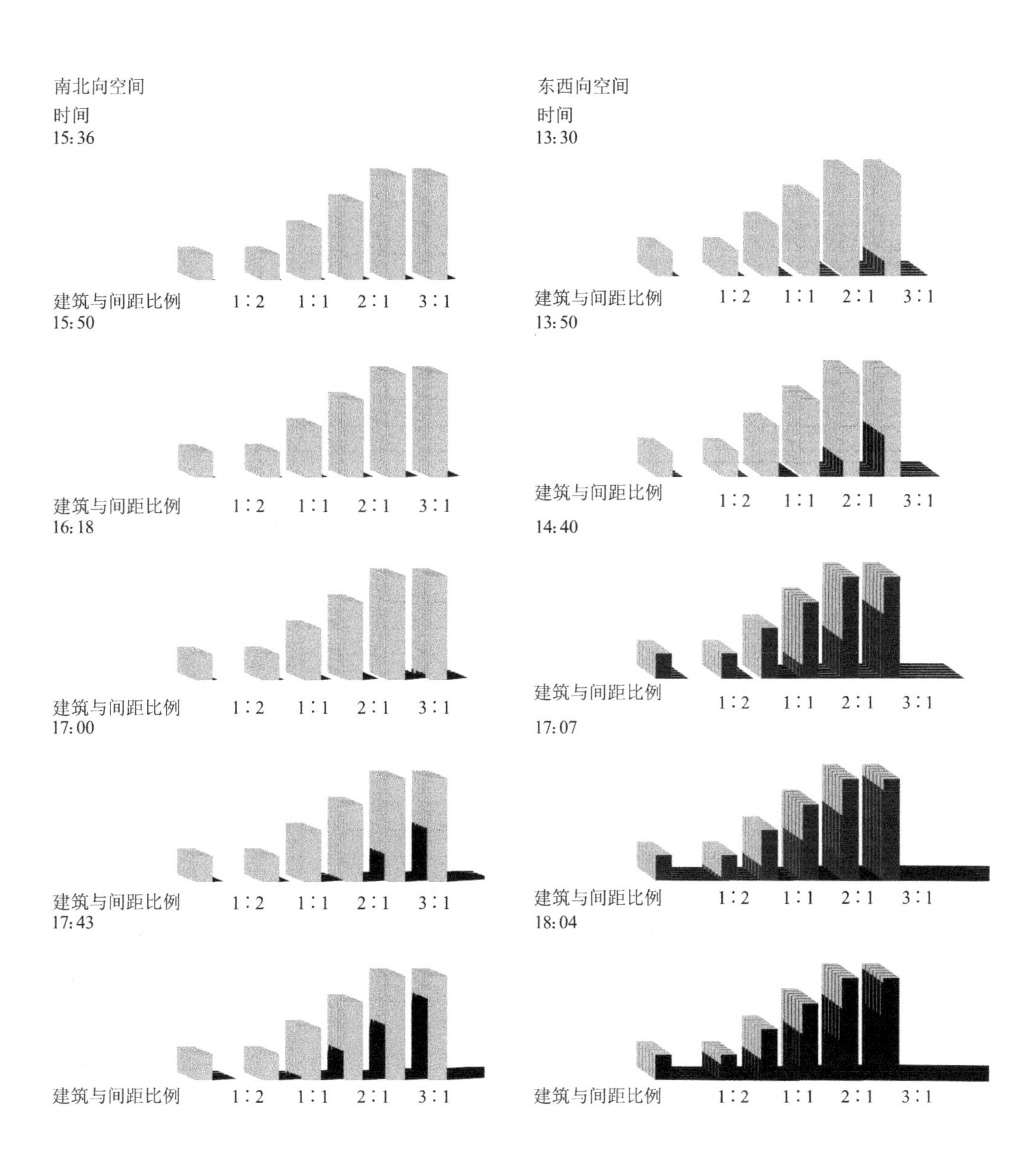

针对泉州的空间分析——尺度

寺庙院落空间

开元寺地块
研究区域 24hm²
建筑占地面积 12.52hm²

开元寺5.6hm²

公共空间的长宽比 1∶1.6
面积 3285m²

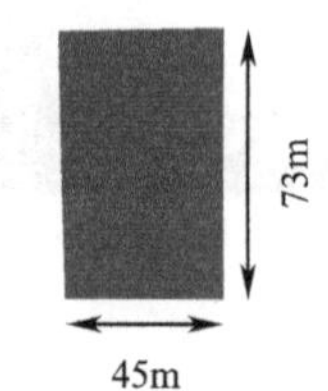

新区广场

丰泽广场
研究区域 24hm²
建筑占地面积 5.58hm²

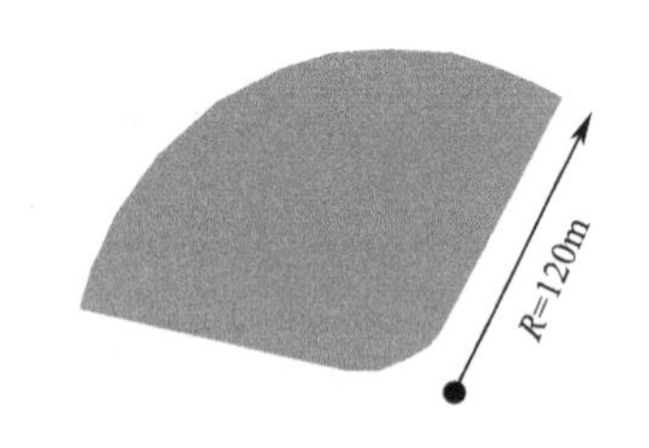

历史性广场

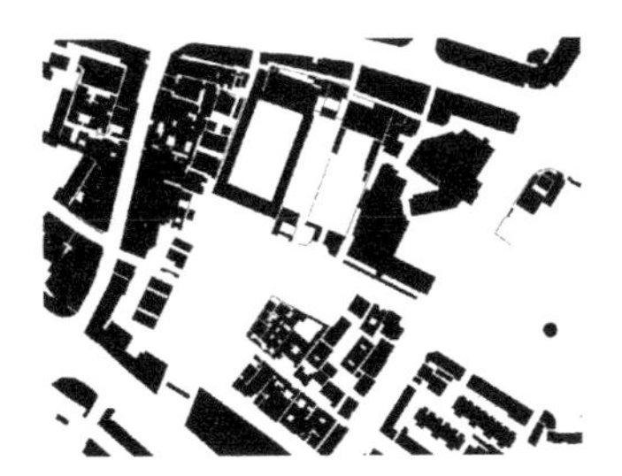

文庙地块
研究区域 24hm²
建筑占地面积 9.08hm²

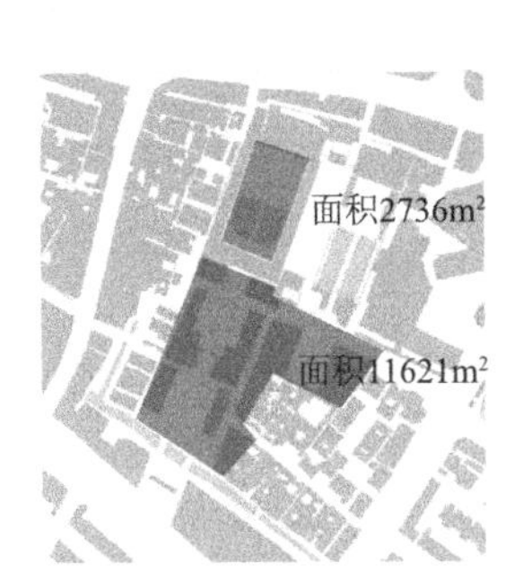

公共空间的长宽比 1∶1.9

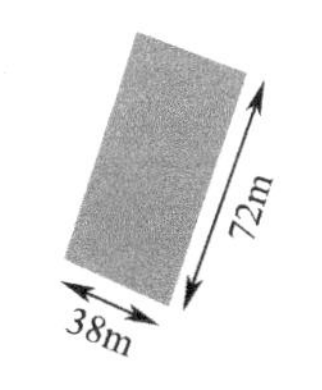

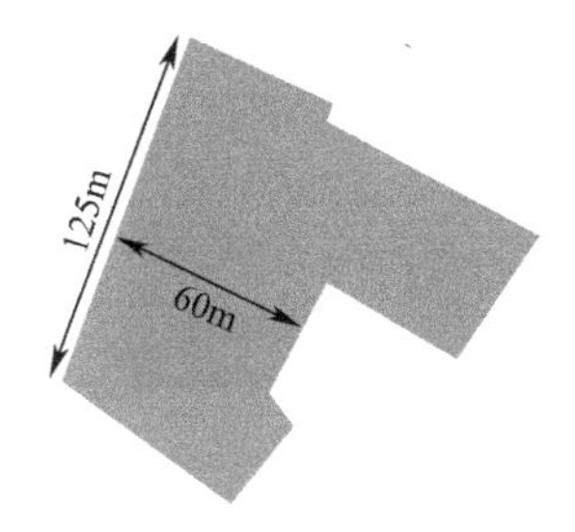

湖泊公园

东湖公园
绿地面积 10.31hm²
水域面积 7.09hm²

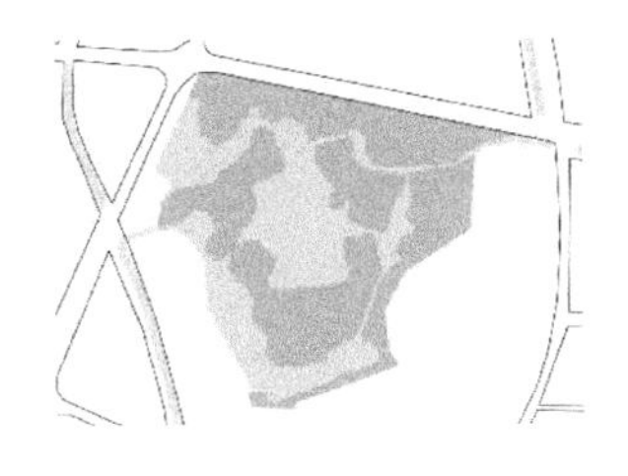

西湖公园
绿地面积 23.73hm²
水域面积 81.4hm²

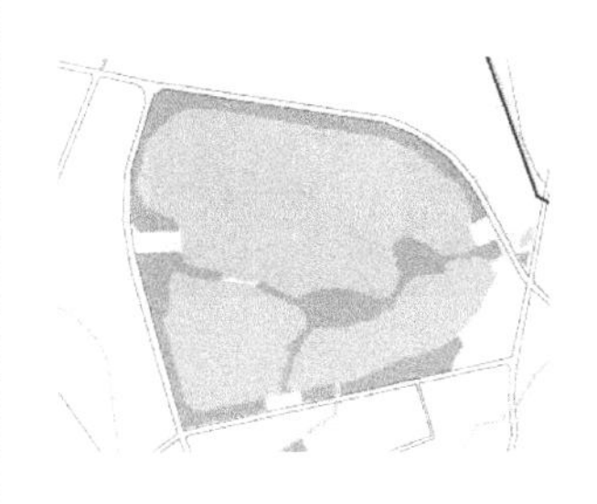

小型公园

释雅山公园
绿地面积
4.7hm²

刺桐公园
绿地面积
3.35hm²

芳草园
绿地面积
5.31hm²

针对泉州的空间分析——街道尺度和比例

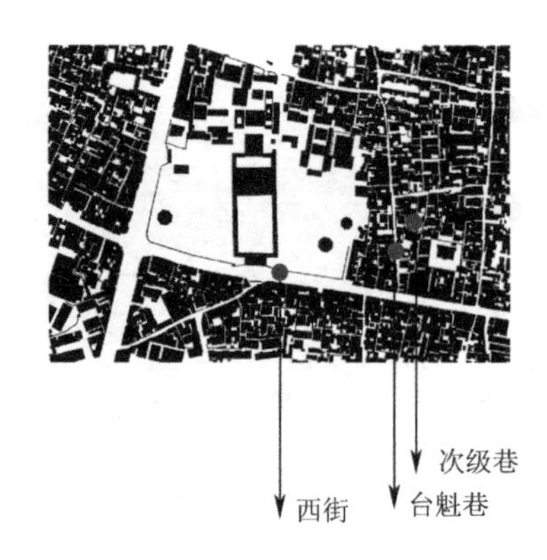

次级巷
建筑层数大多为一层，
少量为二层。

台魁巷
巷宽约为3.5m，临界建
筑大多为一层或者两层，
取平均高度4.5m。

西街
街道东窄西宽，取平
均宽度10m，临街建筑
大多为一层，取3m层高。

3：1

1：1

1：3

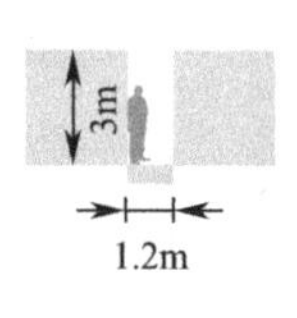

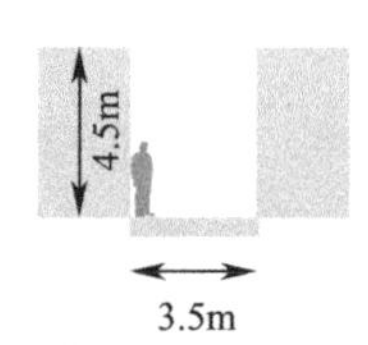

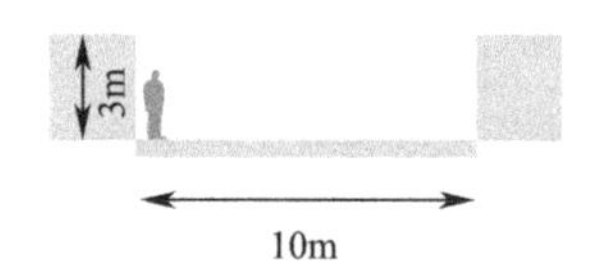

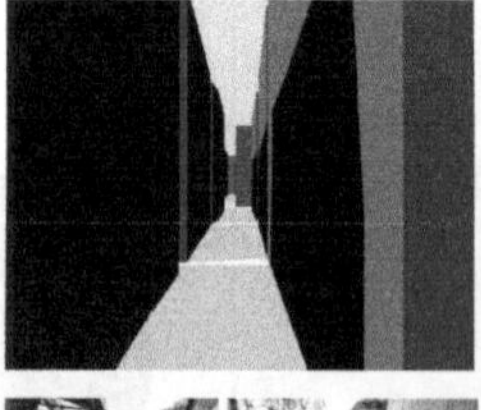

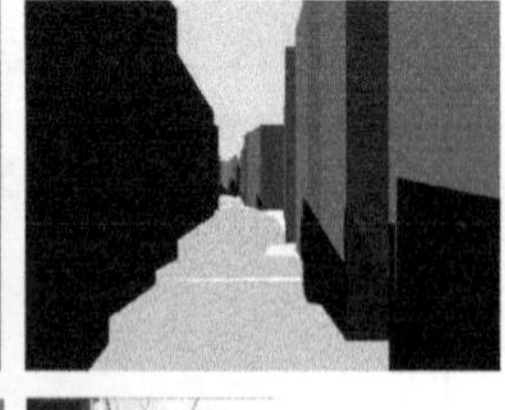

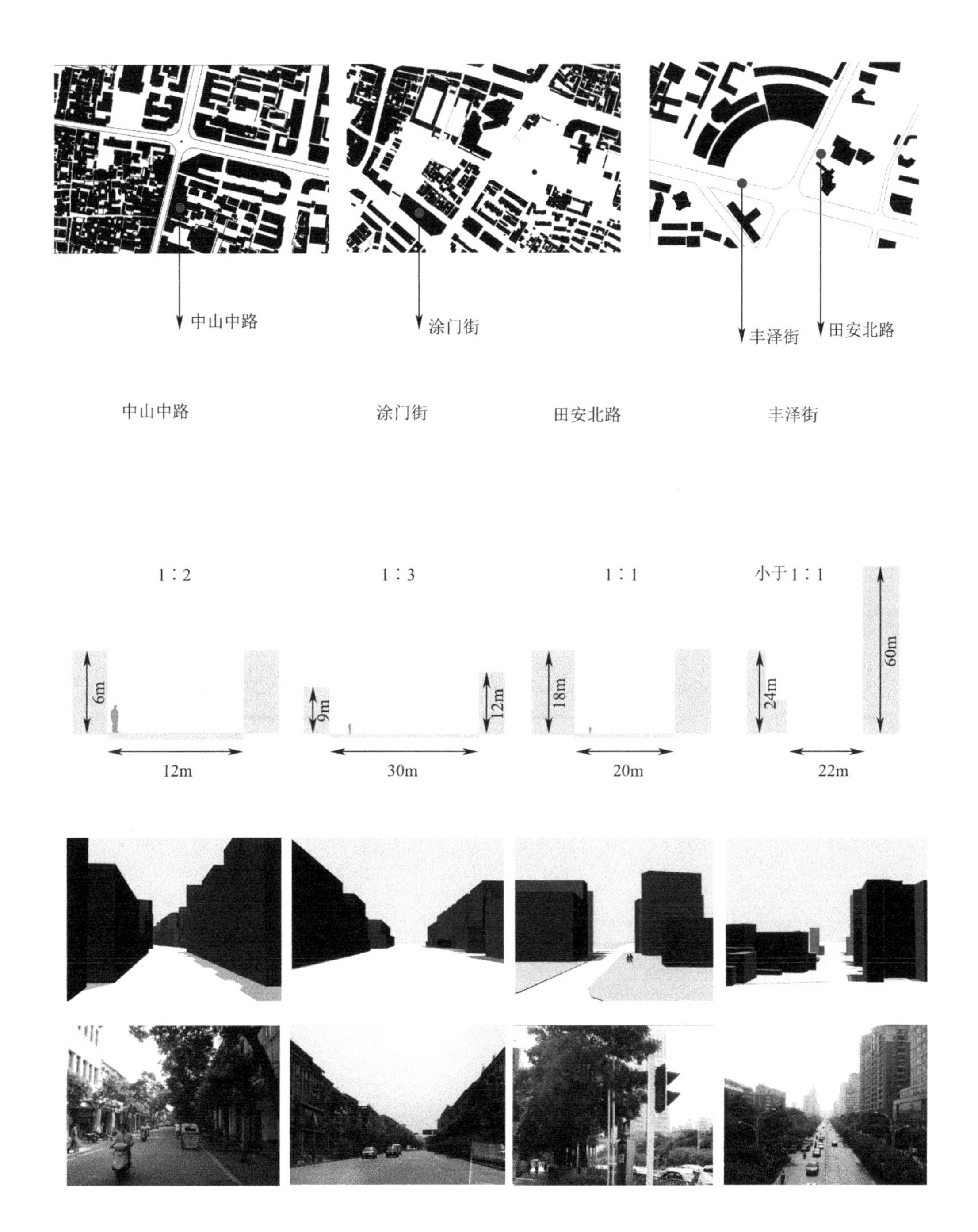
中山中路
涂门街
丰泽街
田安北路
中山中路
涂门街
田安北路
丰泽街
1：2
1：3
1：1
小于1：1
6m
12m
9m
12m
30m
18m
20m
24m
60m
22m

针对泉州的空间分析——尺度和比例

空间尺度

泉州传统大型院落空间与现代广场空间占地面积相差不大。但是传统空间划分明确，所有大空间均由许多不同类型的子空间构成；现代城区广场缺乏空间的划分，尺度单一。

城市公园当中，滨水公园主要依靠现状水体建设，因此滨水公园由于所滨临的水体面积不同而大小尺度不一，但城市休闲性非滨水公园的尺度普遍较小，主要集中在 3 ～ 5hm^2。

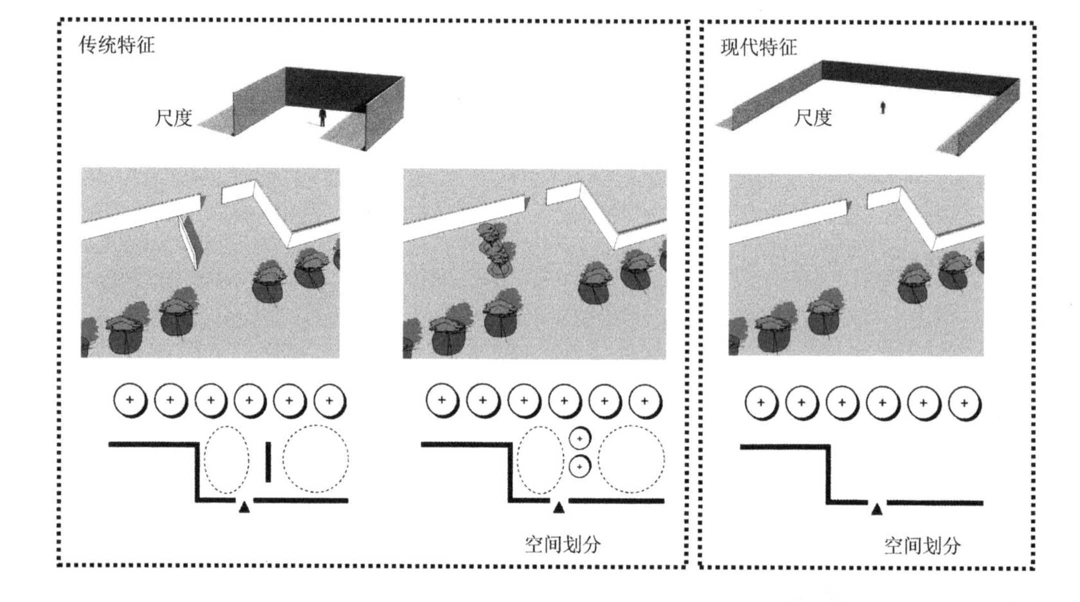

传统区域街巷尺度较小，居住区 1.2m 的街巷可以提供舒适的步行环境，10m 宽的街道已经成为传统街道的尺度上限。
由于传统街道建筑界面高度的统一性，各等级街巷空间的比例基本一致，主街比例大致为 1 ∶ 3，狭窄巷道达到 3 ∶ 1。

现代城区街道尺度根据等级差异不同，道路宽度大概范围在 10 ～ 60m；此外传统尺度和比例巷落在新城区缺失。
新区建设当中，街道两侧建筑高度高低错落，表现出一定的戏剧性起伏效果，因此，建筑与街道宽度比例也差异较大。

5.3.5 空间构成与界定

1. 构成要素

各个不同的要素形式构成一个场景。每一个要素，如草地、树丛、道路等（图 5.3–16），或者分解成更细微的元素，它们的叠加和相互组合形成一个完整的场景，这就是整个场所形成的物质构成方式。

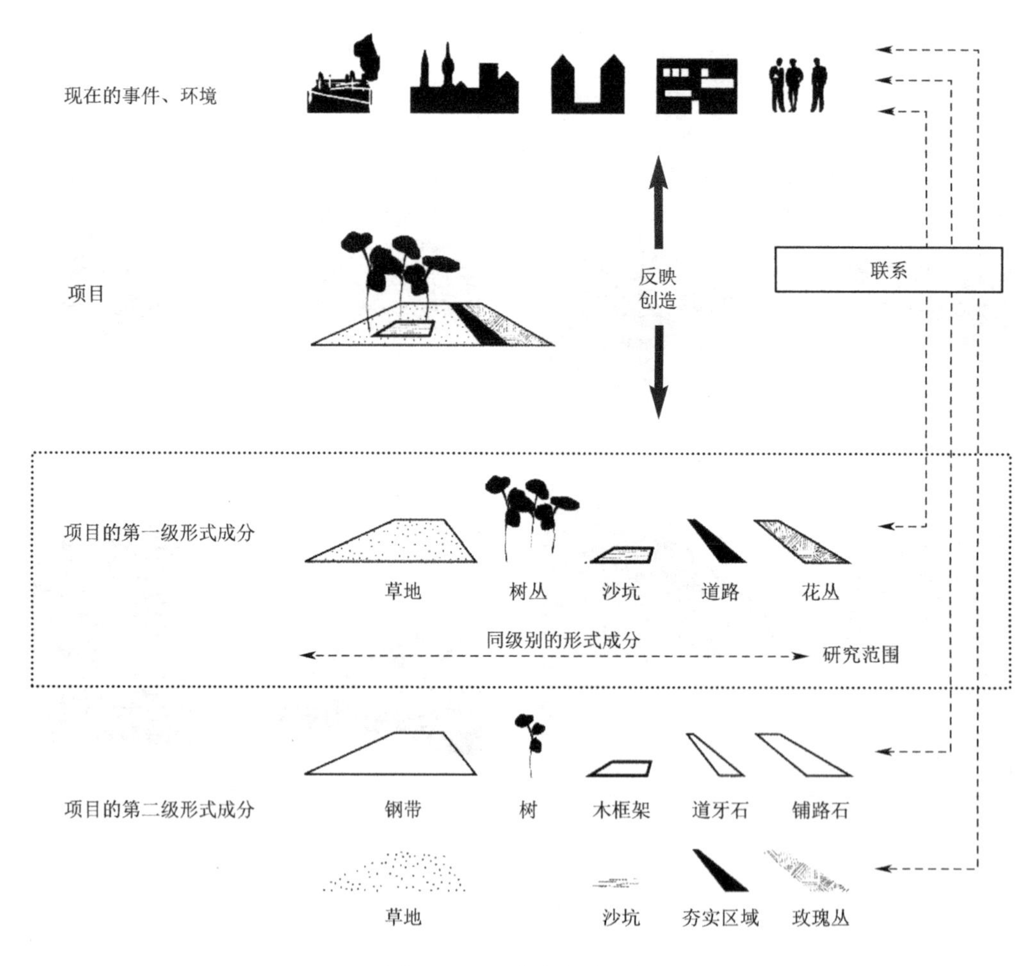

图5.3–16 空间构成要素

2. 界定方式

空间是有不同的开放程度的，分为开放型、半开放型和封闭型（图 5.3–17）。开放型的空间没有任何阻隔，所有人都可以自由进入。半开放型的空间由建筑、围栏、树丛等元素限定边界，但仍然有开放的边界，有一定的围合感。封闭型的空间四周都有界定，与外界隔离。

不同的边界限定了不同的空间。封闭的空间由连续的边界和外界隔绝，边界越高，与外界隔离感越强，封闭性越强。

当封闭的界面打开一个缺口时，空间和外界开始有了联系，空间变得开放。当缺口变多，其距离变小的时候，空间更加开放，边界趋向透明。

开放的空间边界由边界上独立的个体创造，个体之间不连续，组成没有规律，给空间创造自由的联系区和外界联系。

➤ 封闭/紧密的空间边界（边界墙）

➤ 正在开放的边界

➤ 透明的边界

➤ 开放的边界

图5.3–17　空间界定方式

针对泉州的空间分析——构成要素

泉州公共空间构成要素

开元寺片区城市肌理

院落空间——典型围合

构成要素分析

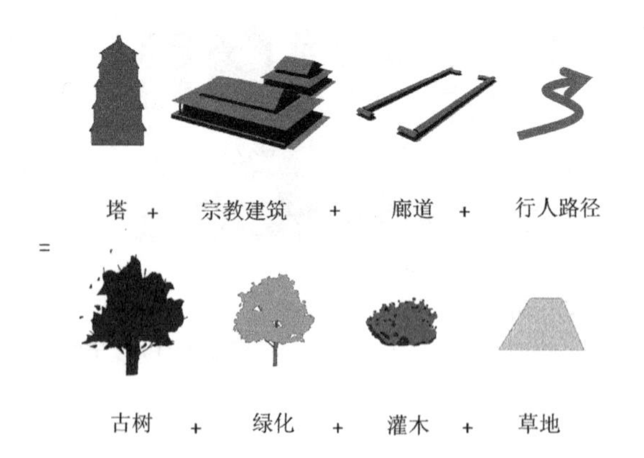

构成要素分析：

开元寺的空间要素是由塔、宗教建筑、廊道、行人路径、古树、绿化植物等构成。构成要素丰富多样，空间层次丰富。

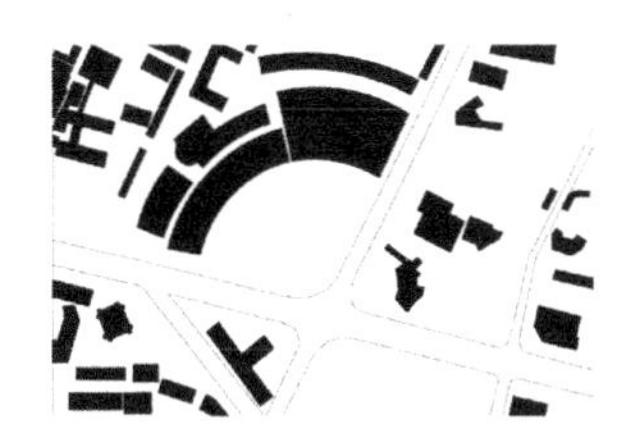

丰泽广场片区城市肌理

城市广场——开放式空间

构成要素分析

商业建筑 + 雕塑 + 铺地

=

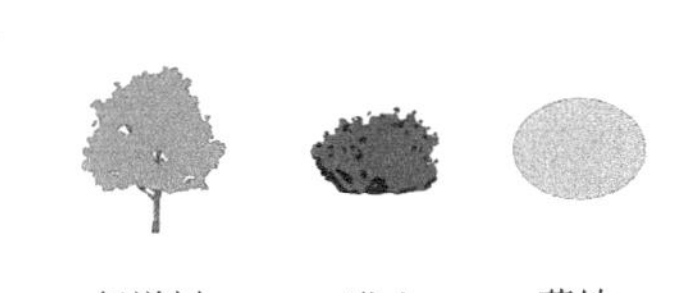

行道树 + 灌木 + 草地

构成要素分析：

空间构成要素相对简单，除雕塑和铺地外，只有局部有景观性草坪、花卉等植被。

文庙片区城市肌理

寺庙

构成要素分析

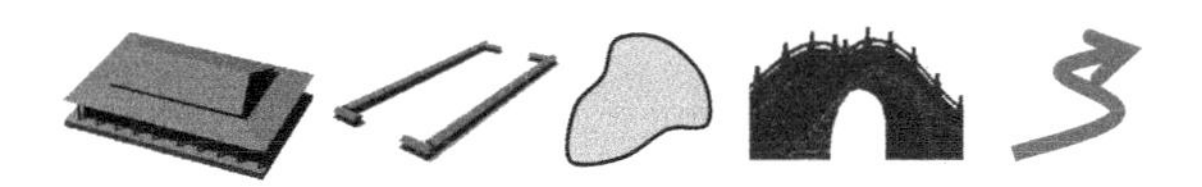

古建 + 廊道 + 水 + 桥 + 行人路径

=

古树 + 绿化 + 灌木 + 草地

构成要素分析：

文庙的空间要素主要由廊道、水、桥、宗教建筑、古树、绿化植物等构成。构成要素种类较多，空间层次丰富多样，富于变化。

针对泉州的空间分析——构成要素

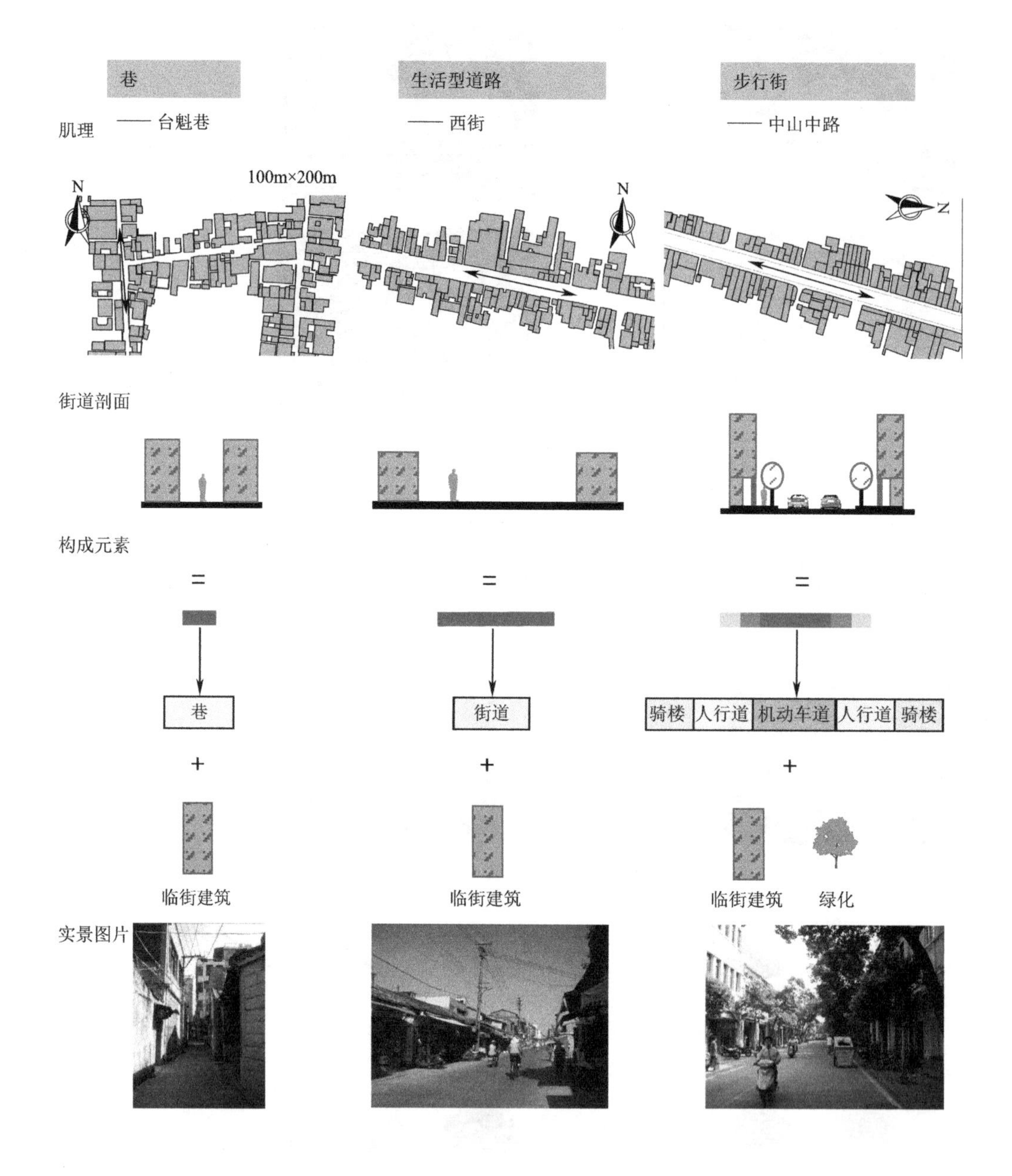

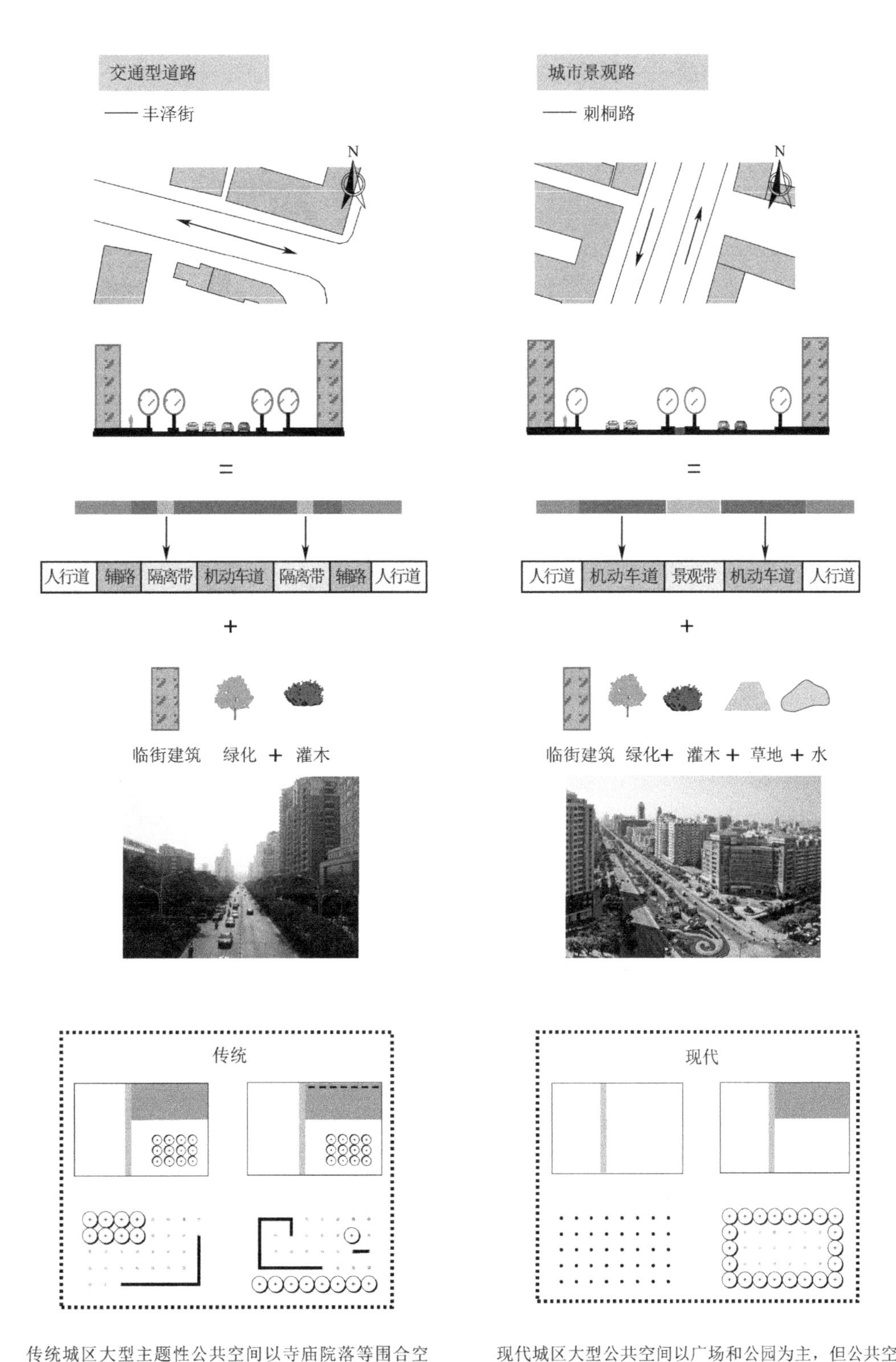

传统城区大型主题性公共空间以寺庙院落等围合空间为主，空间构成要素的形式与种类丰富多样，同时树木、建（构）筑物使用的数量较多。

现代城区大型公共空间以广场和公园为主，但公共空间的构成要素相对单调，而且使用频率和数量不高，尤其以大型城市广场最为突出，且大型广场当中，行人路径、大型树木等人性化构成要素缺失明显。

针对泉州的空间分析——界定方式

在空间的界定与分割方面，传统城市公共空间表现出极大的丰富性，各种界定元素的重复使用使公共空间表现出极其丰富的空间层次和效果。

泉州丰泽广场的空间边界除实体建筑外，其他城市空间边界以道路、行道树等为非明确界定，且空间本身界定要素使用不多，空间显得单调乏味。

开元寺

清晰的空间边界
多种空间界定方式，空间丰富多样

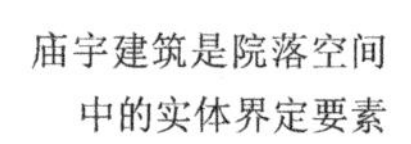

庙宇建筑是院落空间中的实体界定要素

四周的围墙清晰地界定空间范围

入口空间是空间边界的开放点

透明的边界——通过廊道分隔内部空间

植物（软质边界）细分内部绿地空间

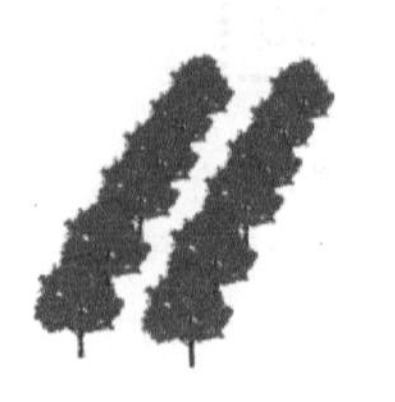

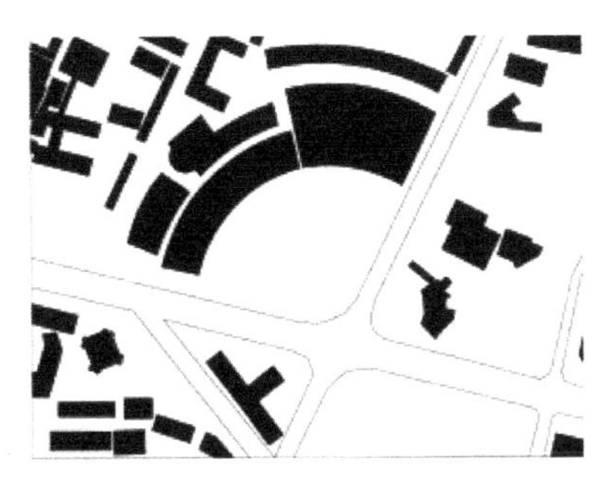

丰泽广场

开放的城市广场
没有明显的空间边界
通过铺地和雕塑来界定广场的范围

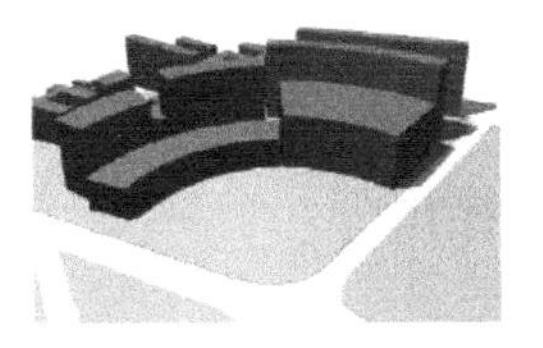

建筑围合成广场的扇形形态

完全开放的空间——行道树和灌木界定空间范围

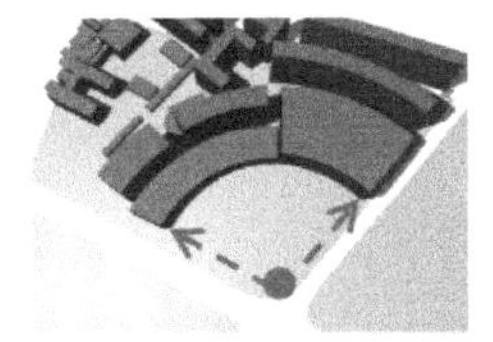

雕塑形成广场的中心，暗示广场的边界

府文庙

清晰的空间边界
具有多种空间界定方式，包括人工水体、牌楼等其他空间鲜有的界定方式。

入口处的牌搂是序列空间的起点，也是空间的界限。

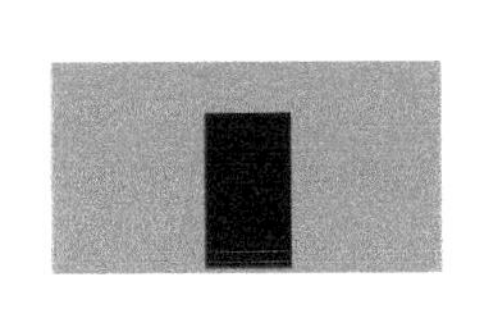

府文庙的正门入口，是内外空间的连接点。

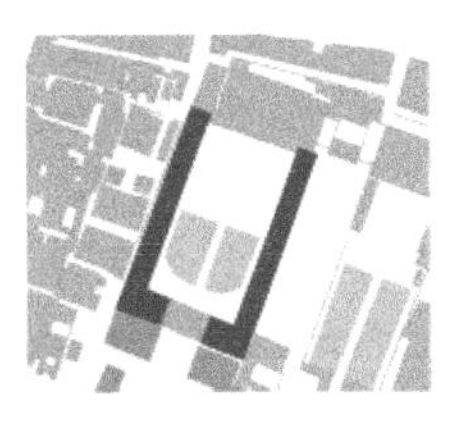

建筑内廊——建筑围合成边界清晰的公共空间。

透明的边界，水体——可见不可达

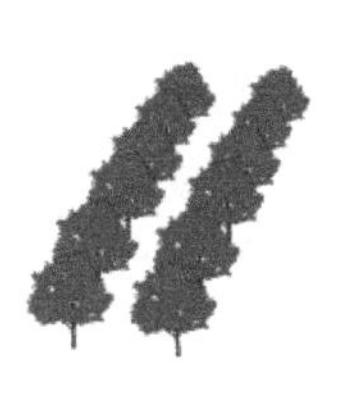

植物（软质边界）细分内部绿地空间

5.3.6 环境设施

1. 环境设施的作用

（1）划分空间

利用环境设施可以将空旷的开敞空间划分成不同的小空间。空间尺度不同，其使用效果也将不同。

（2）提供停留的条件

如休憩设施的运用可以增加人们在空间中的停留时间，而灯光则在傍晚提供了人们外出的可能条件，而夏季树荫形成的凉爽避暑空间也使其具有更适宜人们活动的可能性（图 5.3–18）。

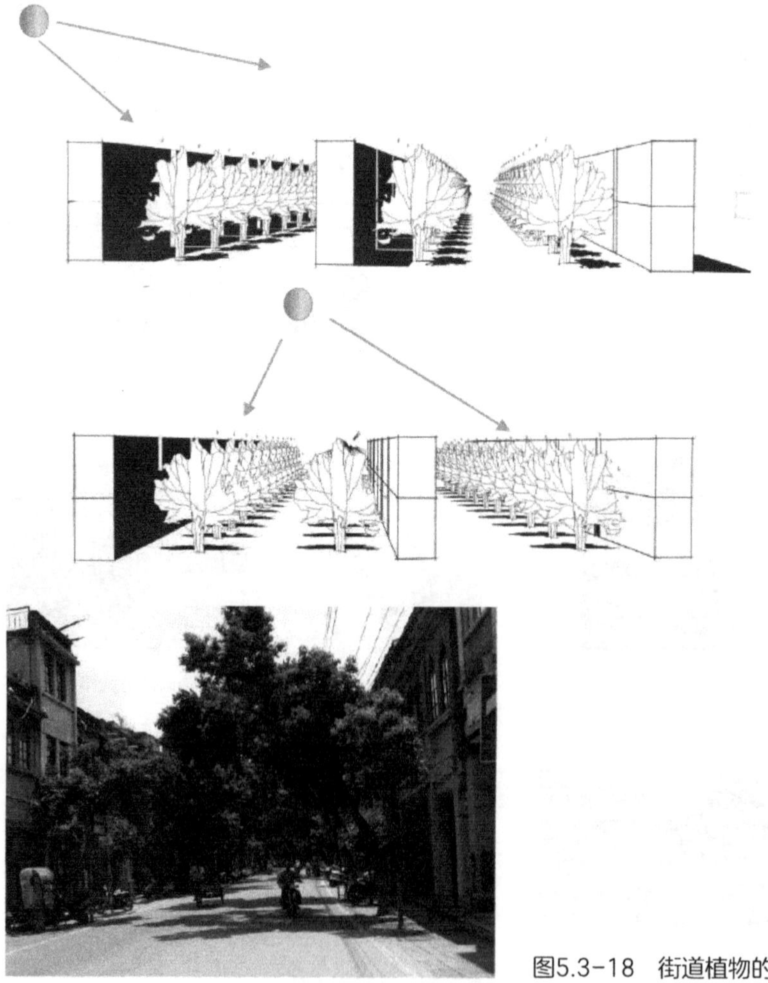

图5.3–18 街道植物的遮阴效果

（3）具有一定的实用价值

如健身器材、信息栏、报亭等具有一定实用性的环境设施在实际应用中具有较好的效果（图 5.3–19）。

2. 环境设施的类型

（1）绿化：大树、灌木、草坪等。

（2）休憩设施：座椅、台阶等。

（3）娱乐活动设施：健身器材、运动设施等。

（4）灯光照明：街灯、立灯、地灯等。

（5）景观小品：信息栏、报亭等。

图5.3–19 街道设施示意

针对泉州的空间分析——环境设施

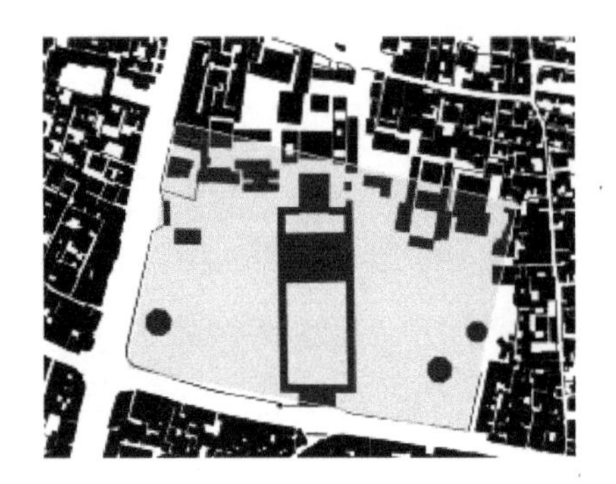

开元寺

空间层次丰富，由道路及绿化分割形成的空间有更多层次。

通过植物组合把大的绿化空间划分为多个小尺度空间。结合植被的座椅等景观小品设施增添了空间的趣味性，同时使得人们具有停留的条件。

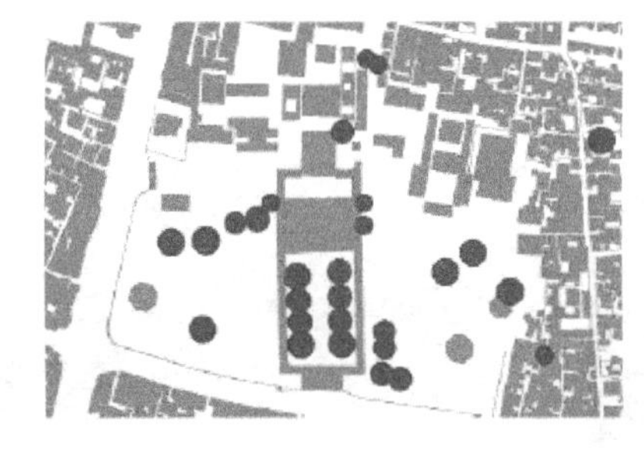

开元寺区域大乔木位置示意图

绿化

开元寺内绿地率比较高，保存相当数量的古树、大榕树。

休憩设施

在开元寺里面，有凉亭、长廊、休息椅、树池，具有多种休息设施。

特殊设施

寺庙是一个特殊的场所，除了一般的公共设施以外，还有香炉、功德箱等特殊设施。

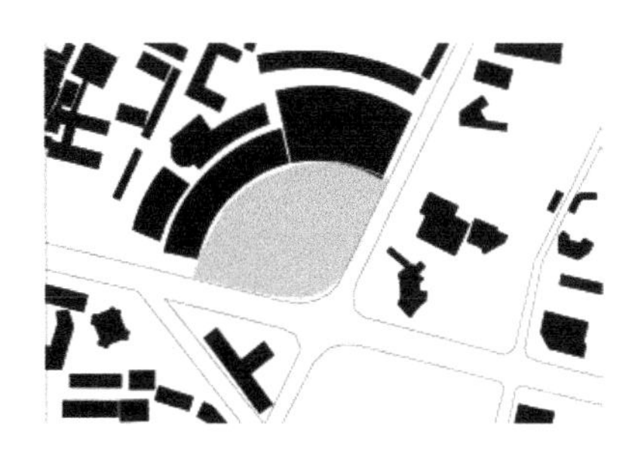

丰泽广场

空间层次单调，未分割的广场空间显得空旷而无趣。

广场上景观设施与广场面积比例失衡，景观设施与绿化结合较差，使行人很难产生驻足停留的意向。

绿化

广场绝大部分地面是硬质铺装，只有边界处有小面积的灌木和草地，以及周围人行道的行道树。广场内没有大树木，导致夏日广场中间暴晒，人不能停留。

休憩设施

广场内几乎没有休息设施，空旷的广场被用作临时停车场。

府文庙

空间层次较丰富，由广场及主体建筑分割形成的空间层次分明。

通过牌楼、广场及主体建筑将区域划分为具有不同功能的空间。结合绿化和植被丰富了空间的层次感。

绿化

府文庙区域绿地率不高，广场硬质铺装的面积较多，但保存了一定数量的大榕树，提供阴凉处可供行人休憩。

休憩设施

在府文庙广场内，有石凳、临时小卖部、休息椅、树池，具有合理的休息设施。

特殊设施

因为寺庙是一个特殊的场所，因此除了一般的公共设施以外，还有鼎、许愿树等特殊设施。

改善措施

（1）通过景观规划，重新划分广场空间，丰富空间类型，缩小空间尺度，增加植被及景观小品布设，使空间具有宜人的品质和趣味性、吸引力。

（2）充分利用现状广场开阔的空间效果进行，可开展演出集会等大型活动，并赋予广场一定的职能，配合广场职能增加环境设施，如座椅、地灯、台阶等。

针对泉州的空间分析——环境设施

巷

—— 台魁巷

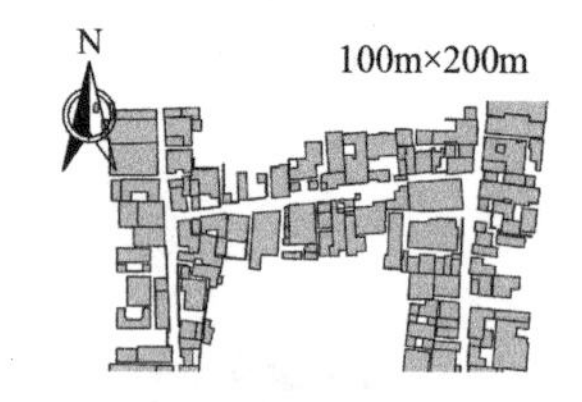

生活型道路

—— 西街

步行街

—— 中山中路

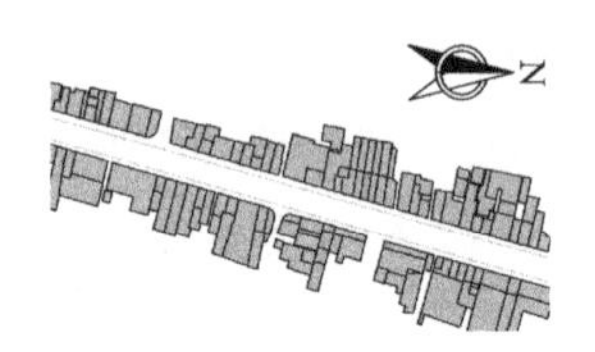

绿化

台魁巷是小尺度的传统街巷，巷内的绿化较少，少数居民门口有少量盆栽和灌木。

西街街道上没有任何绿化，但街道旁边的开元寺景观绿化很好，对于西街的影响较大。

中山路绿化一般，行道树离建筑间距较小，植物景观效果不好。

设施

街道环境设施密度较低，休息座椅缺乏，人们坐在台阶上、无障碍通道坡道上、花台旁边。
街道上的自行车、摩托车停放混乱。

交通型道路

—— 丰泽街

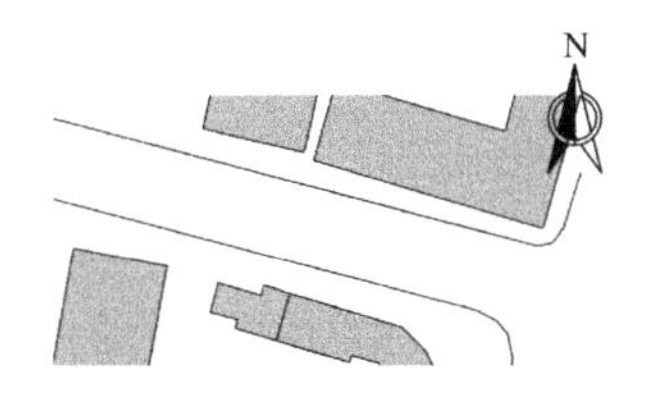

街道绿化非常好，人行道形成荫蔽，效果极佳。

城市景观路

—— 刺桐路

刺桐路是城市景观型道路，绿化带景观效果较好，层次丰富。

环境设施

新区与传统区域的公园绿化丰富，小品景观设计较好，不存在明显差异。

传统院落式公共空间当中，大型树木是最主要的环境设施之一，在大树下靠树阴遮挡，通常设置有供休憩的桌椅或石台等。此外，水池和草地的设置也为空间提供了舒适的环境氛围。

现代城市区域公共空间当中，绿化明显不足，同时空间开敞，并且休憩性环境设施设置不足，大部分开敞空间在实际中均被作为停车场使用，没有起到为人们提供交往场所的作用。

5.4 空间意象

5.4.1 空间焦点

焦点是空间中一个引人瞩目的节点。它能加强、改变或创造空间，是人们视线的关注点和吸引点，也暗示了方向（图 5.4–1）。

焦点的创造基于它们的特殊位置，或它们在环境中的特色，和周围的空间环境是一体的，需要放在一起才能被理解。

焦点在一个内向封闭的空间中，起到强调和标志的作用，让空间更具有识别性和特殊性。

焦点和半围合的线、面可以共同组成一个空间，创造或暗示一个特殊的场所。

焦点在空间中的突出作用

➤ 暗示空间——用面强化

➤ 空间——标记消失的边界

➤ 清晰的空间——用面强化并标记消失的边界

➤ 空间，“内向的”（自治的）

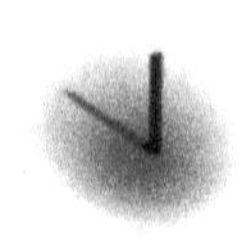

➤ 焦点——“外向的”——需要涉及外界的点（或创造一个“空间的钟”，距离焦点越远，其影响越弱）

➤ 空间及焦点

图5.4–1 空间焦点的特征

开元寺周边地标焦点分析

仁寿塔和镇国塔是开放空间的两个视觉焦点和区域内的地标物。

从不同的街道能看到仁寿塔和镇国塔的不同形象。在行进中焦点始终在视野中，展现不同的姿态，让人有所期待，增加空间的趣味性。同时它们起到很好的指示方向的作用。

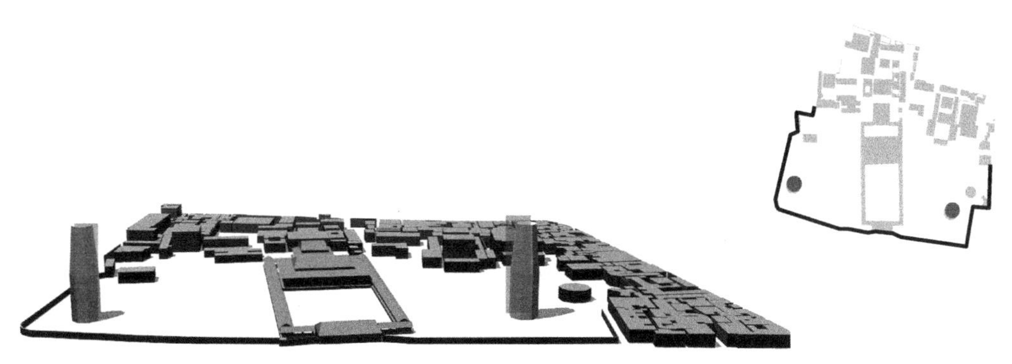

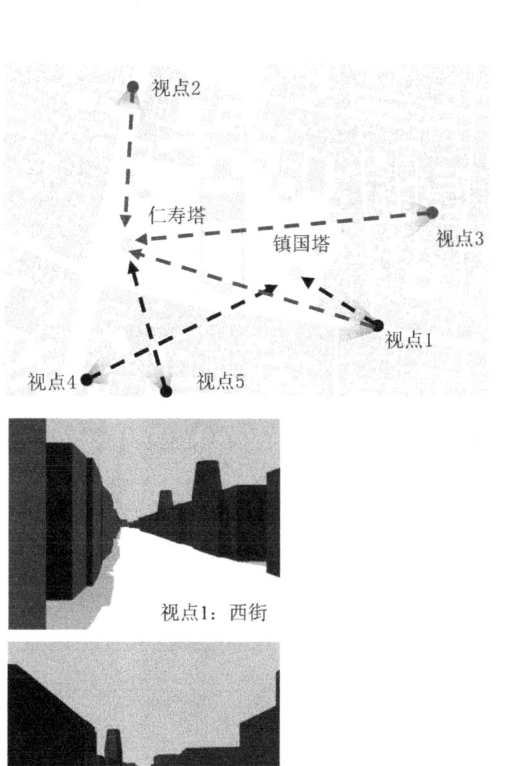

视点1：西街

视点2：新华路

视点3：炉下埕

视点4：象峰巷

视点5：三朝巷

针对泉州的空间分析——空间焦点

十字街区域

中山中路与东西街交汇的街道交点上的钟楼，是十字街中心的标志，也是街道的视觉停留点。

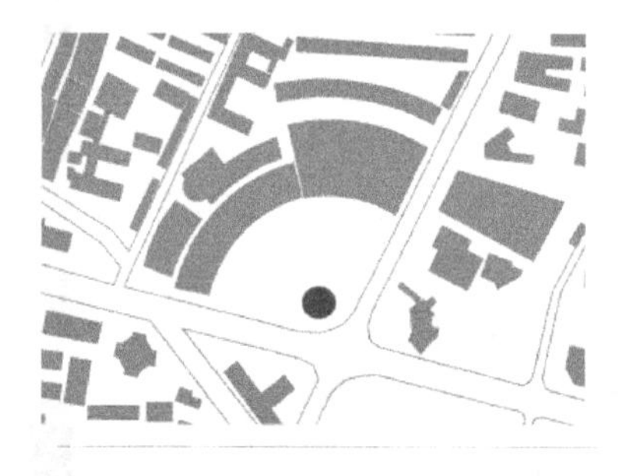

丰泽广场区域

广场边界的圆形花卉石雕是本空间自身区域的视觉焦点。

丰泽广场以大型雕塑作为整个公共空间的焦点和标志，但是由于新区建筑高度的差异，广场雕塑只能起到微观空间的统领作用，不能在区域范围内发挥更大的地标和统帅性作用。

丰泽广场被众多高层建筑包围，空间内的标志性构筑焦点难以在区域范围内发挥作用。

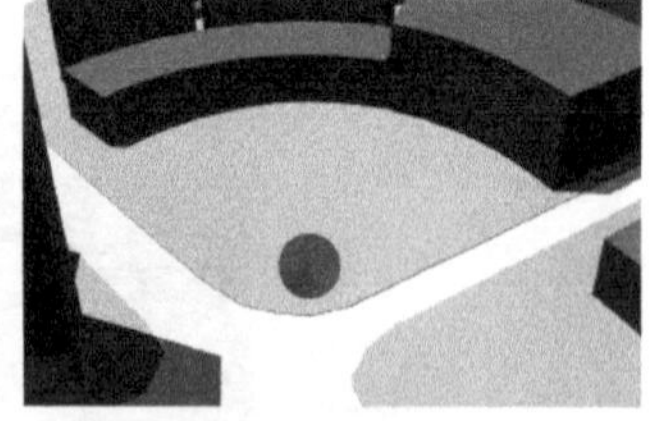

焦点

传统与现代城市公共空间的塑造都具有焦点的标志性，但是焦点的作用有所差异。

传统城市公共空间的焦点，因为整体城区建筑高度低矮，因此空间焦点不仅在空间内部起到聚焦作用，同时在一定区域内可以起到区域或城市地标的作用，具有较强的指引性。

现代城市公共空间的焦点发生作用的范围相对较小，在区域内起到的引导作用不大或者无法起到空间地标的作用。

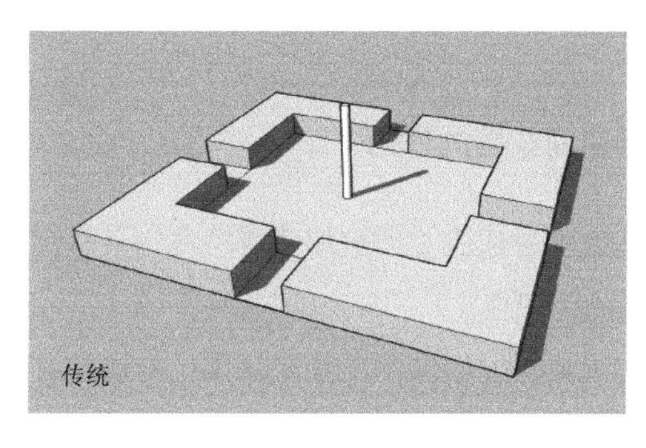
传统

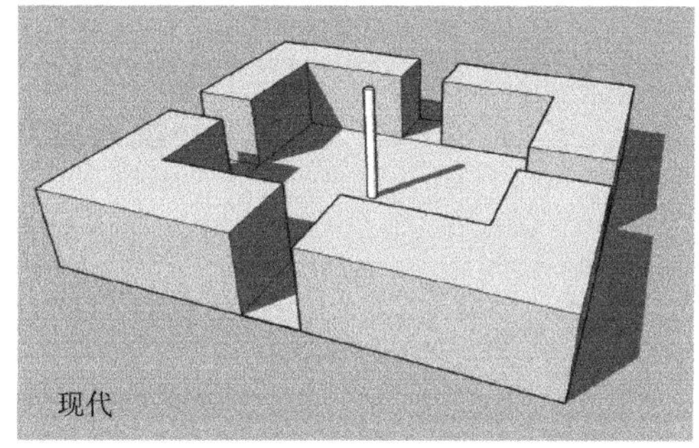
现代

5.4.2 空间氛围

影响空间氛围的因素包括以下方面：

1. 地标点

永久性地标点对空间的氛围营造有着较大影响。

如纪念性广场的雕塑纪念碑等地标点，给人以强烈的印象符号特征。

2. 场所功能与形式

公共空间的功能差异决定了空间氛围的不同。对于正式、严肃的政治、宗教场所，其空间布局也会严格对称，以突出空间的重要性。对于市民化的公共空间，其空间氛围更趋于舒适、多样化。

3. 环境设施对于空间氛围的作用

如宫殿前广场的水池喷泉代表了阿拉伯建筑特色，具有鲜明的民族特色，有较强的标识性。

一些设施的应用同样可以对空间产生指示作用，形成特有的空间氛围。例如，广场中的精美雕塑体现出不同时期文化的特征，植物的组合形成不同的空间氛围。

4. 空间色彩

色彩直接影响空间中人的视觉和情绪。例如，暖色系容易产成温暖、热闹、亲切的心理感受，冷色系容易产生理性、中性、高效率的心理感受。

城市界面的色彩直接体现区域的功能特征。在城市商业区，建筑立面被五颜六色的巨幅广告和五彩斑斓的霓虹灯包围，传递着热闹、繁华的气息。

城市中公共设施色彩、花卉景观等色彩也为城市增添多样的颜色。

5.4.3 空间界面意象

同样的空间形状，由于边界形态的不同，可以导致不同的空间感觉。

四周的建筑对称，且大多为公共建筑，空间有明显的中心，空间会给人正式的感觉，视线集中在中心建筑上，如市政广场、商务区广场等。

四周的建筑不对称，建筑形式较为散乱，没有明显的中心空间，周围的建筑容易分散人的视线，场所感削弱，空间没有明显的特征，给人随意的感觉。

针对泉州的空间分析——空间氛围

开元寺

传统城区公共空间

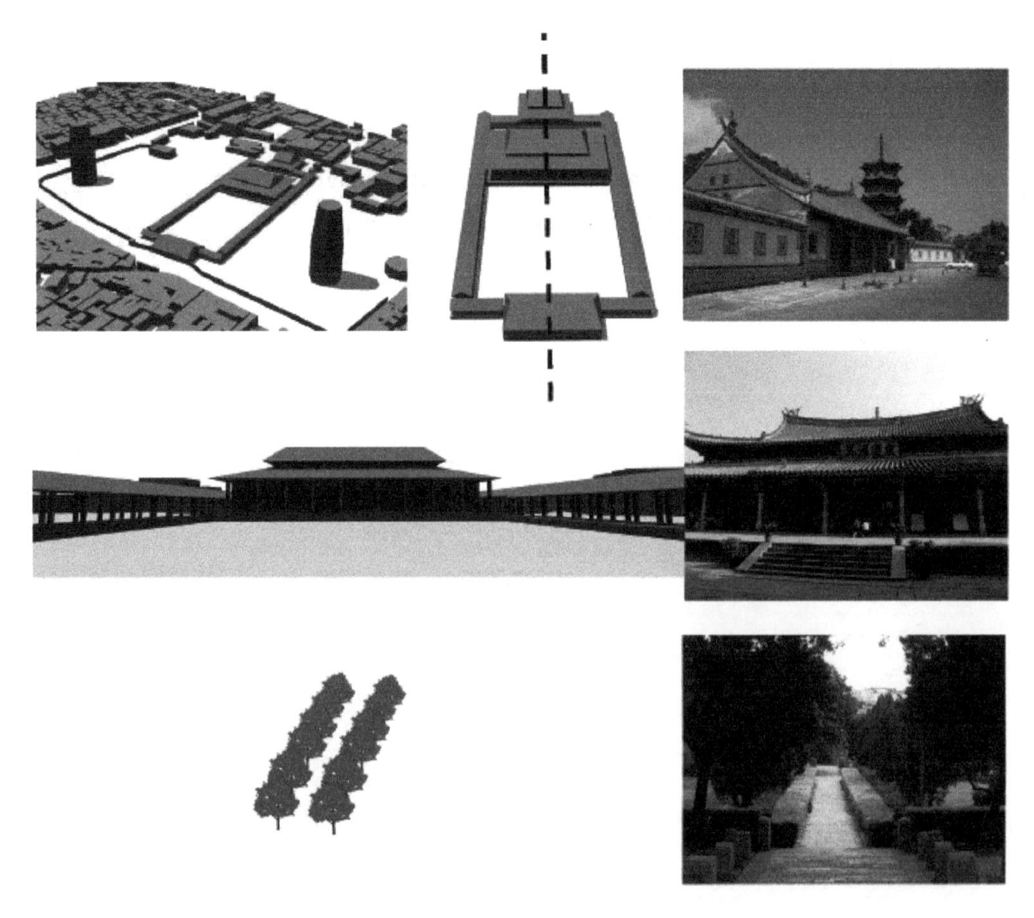

空间氛围：传统寺庙院落空间的建筑边界对称而正式，给人一种严肃宁静的庄重感，同时之间又有丰富的自然型空间边界，增加一些与自然的亲切感。

丰泽广场

现代城市区域

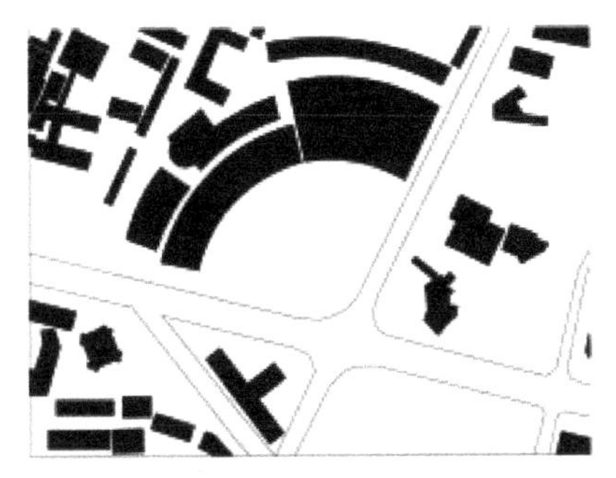

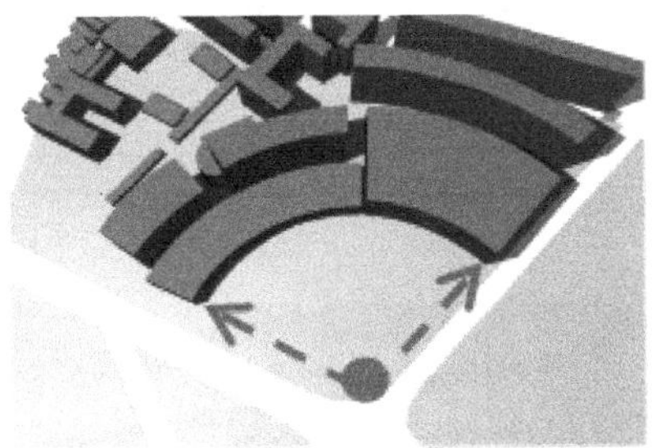

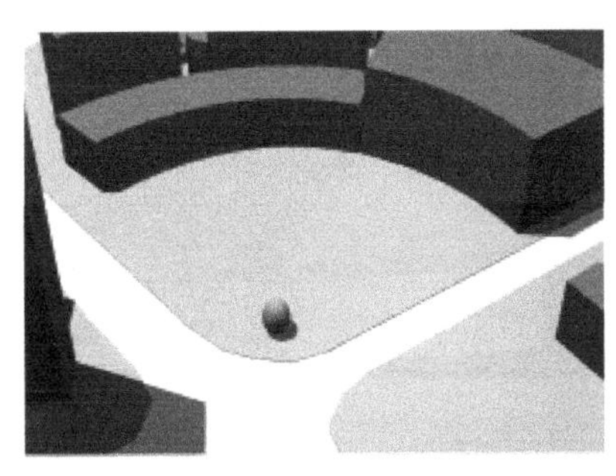

空间氛围：泉州现代城区广场界面风格与实体建筑的立面效果有很大关系，丰泽广场建筑界面较为自由活泼，具有强烈的商业气氛，同时一些传统元素的运用也能体现一定的地域特色，但自然软性边界明显不足，空间显得过于粗犷。

府文庙

传统城区公共空间

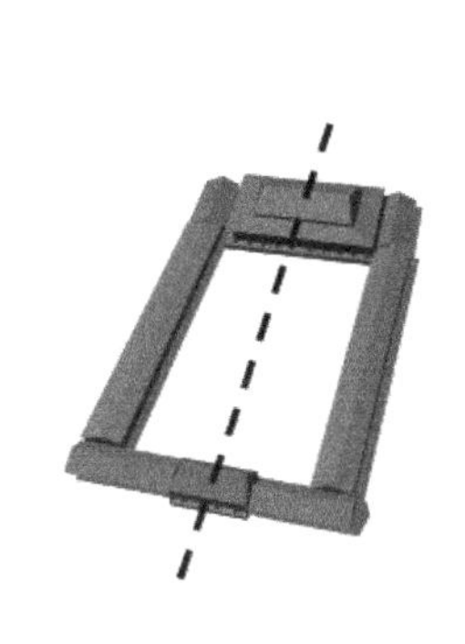

空间氛围：府文庙是重要的传统空间，其建筑和布局都有严谨的对称关系，甚至广场内的植物种植和绿地形态都是对称的，充分体现其空间性质的正式性。广场的序列性也较强，主轴线的统领性和控制感较强。

针对泉州的空间分析——空间界面

西街

受伊斯兰教影响的街道界面

中山中路

受南洋建筑影响的街道立面中出现的底层骑楼、柱廊、平屋顶

打锡街

街道对泉州传统元素的继承

中山北路

仿古建筑——新街道中对于传统的继承。

空间——骑楼空间；材料——烟炙砖、石材；样式——燕尾脊、火焰窗、拱形窗、方窗。

丰泽路

国际风格影响下的街道界面风格

空间氛围

传统空间氛围大多与空间类型和用途有关，作为主体的院落和街巷空间表现出宁静、安逸、舒适的空间氛围。同时寺庙空间还具有宗教的庄重和神秘感。

现代空间大多与城市功能结合紧密，表现出与周边用地相对应的空间氛围，但由于空间大多紧邻城市干道，空间氛围受车辆干扰较大，环境相对嘈杂。

空间界面

传统公共空间界面形式具有典型地域特色，界面风格统一、完整。

现代界面风格多样，以现代建筑特点为主，部分具有传统要素，空间界面大多风格意象模糊。

5.5 公共空间微观评价体系

5.5.1 公共空间微观评价要素

根据前面对于公共空间微观要素的要点分析，各要素对于不同公共空间类型的重要性不同，因此针对不同空间类型区分其评价的重要评价要素与次要评价要素。

在本书研究中，根据功能把公共空间分为四种类型：街道、广场、公园绿地和大型公共建筑内部半开放公共空间（表 5.5-1）。

微观公共空间评价体系 表5.5-1

公共空间微观评价要素			街道	广场	公园绿地	大型公共建筑内部半开放公共空间
活动		活动强度	●	●	●	●
		活动复合度	●	●	●	●
形式	空间形态与建设强度	肌理形态	●	○		○
		建设强度	○	○	○	○
		空间布局	●	●	○	○
	空间秩序	空间等级	○	●	○	●
		空间序列	●	●	○	●
	可达性	视觉可达性	●	○	○	○
		行为可达性	●	●	●	●
	尺度与比例	地方适应性	●	●	●	●
		尺度	●	●	●	●
		比例	●	●	○	●
	构成与界定	构成要素	○	○	○	○
		空间界定	●	●	●	●
	环境设施	绿化	●	●	●	●
		家具	●	●	●	●
空间意象		焦点	●	●	○	○
		界面风格	●	●	○	●
		空间氛围	●	●	●	●
		评价要素图例说明：● 重要评价要素 ○ 次要评价要素				

5.5.2　公共空间微观评价方法

公共空间微观评价——街道（表 5.5–2）

街道空间评价方法　表5.5–2

评价要素	活动	形式构成						空间意象
		形态与建设强度	空间秩序	可达性	尺度与比例	构成与界定	环境设施	
评价要点	（1）活动的强度； （2）活动的复合度	肌理	空间序列	（1）视觉可达性； （2）行为渗透性	（1）地方气候适应性； （2）空间尺度； （3）空间比例	（1）街道断面； （2）空间界定	（1）街道绿化； （2）街道家具	（1）焦点； （2）界面风格； （3）空间氛围
街道评价原则	（1）街道的使用频率较高。活动的参与者数量多少和活动的持续时间长短是活动强度的标志； （2）街道的活动复合度较高。街道中活动种类的数量体现复合度	（1）沿街建筑的肌理丰富紧凑，有连续的临街面； （2）周边建筑具有多样的功能用途，能够为街道活动提供行为支撑	（1）街道空间等级丰富多样，各个等级的空间具有连续性，层层相扣； （2）街道本身具有主次分明的等级和体系； （3）街道有秩序的串联各个不同类型和等级的公共空间，形成空间序列	（1）具有较好的景观视觉可达性； （2）街道渗透性较好，具有良好的可达性	（1）尺度和比例适应地方气候特点，能够提供舒适感，增加人们户外活动时间； （2）街道尺度有利于人的交流，符合人的心理尺度； （3）建筑高度与街道宽度使街道形成较好的围合感	（1）街道断面的功能划分符合街道不同的性质； （2）人行道路与其他空间需要有良好的界定关系	（1）街道的绿化品质较好，营造舒适的环境，改善机动车对于环境的影响； （2）公共空间的环境设施分布位置合理，休憩设施和娱乐设施满足人们的基本需求，能创造宜人的街头活动环境	（1）具有突出城市文化的标志性视觉焦点； （2）街道界面整体风格统一，细节上具有多样性； （3）街道界面风格满足不同城市的定位，突出历史文化的特色； （4）街道的空间氛围宜人，并能很好地展示城市的特色和意象
评价标准	公共空间微观评价——街道的评价标准： （1）优秀的街道： 充分满足评价要素的各项标准，适应当地的气候环境，舒适宜人，具有浓厚的场所氛围，突出城市的历史文化和地方色彩。 （2）基本满意的街道： 基本符合评价要素的各项标准，环境舒适宜人，其可达性、尺度与比例、环境设施符合要求的城市街道。 （3）需要进行改善的街道： 街道空间的功能未达到评价要素中的标准，需要进行改善的街道							

公共空间微观评价——主题广场（表 5.5-3）

城市广场空间评价方法

表5.5-3

评价要素	活动	形式构成						空间意象
		形态与建设强度	空间秩序	可达性	尺度与比例	构成与界定	环境设施	
评价要点	（1）活动的强度； （2）活动的复合度	（1）肌理； （2）基面形态	（1）空间等级； （2）空间序列	（1）视觉可达性； （2）行为渗透性； （3）开口位置	（1）地方气候适应性； （2）空间尺度； （3）空间比例	（1）构成要素； （2）空间界定	（1）广场绿化； （2）广场家具	（1）焦点； （2）界面风格； （3）空间氛围
街道评价原则	（1）广场的使用频率较高。活动的参与者数量多少和活动的持续时间长短是活动强度的标志； （2）广场的活动复合度较高。活动复合度通过不同活动种类的数量体现	（1）周边建筑的肌理连续，广场空间具有整体感和围合感； （2）广场的基面形态明确、方向清晰，容易被人感知	（1）城市广场具有明确的空间等级划分； （2）大型主题性的城市广场有较丰富的空间序列性	（1）具有较好的景观视觉可达性； （2）广场具有良好的可达性，受交通干扰性较小； （3）进入广场的开口位置和数量既考虑到交通的便捷性，又考虑到广场的空间品质（围合性、方向性、连续性）	（1）尺度和比例适应地方气候特点，能够提供舒适感，增加人们户外活动时间； （2）广场的边距、面积合理，有助于广场活动的发生和集中。广场的尺度与广场的性质、主题一致； （3）广场的高宽比产生较好的围合感	（1）广场构成要素具有多样的功能用途，能够为广场活动提供行为支撑； （2）广场的空间界定方式与类型具有统一性或多样性	（1）广场上的绿化作为广场空间视觉景观，强化空间氛围感受； （2）广场家具尺寸比例适合广场的特征、形态以及空间组织方式与广场空间相适应，位置合理，能够为广场活动提供行为支撑。夜间灯光照明能为人们提供更长的活动时间	（1）广场具有能够突出地方特征和城市文化视觉焦点； （2）广场界面风格整体统一，符合广场的性质； （3）广场的空间氛围舒适、宜人，具有良好的城市生活氛围，能够很好地体现城市的历史文化
评价标准	公共空间微观评价——广场的评价标准： （1）优秀的广场： 充分满足评价要素的各项标准，适应当地的气候环境，环境舒适宜人，具有良好的功能，能够突出城市的历史文化和地方色彩。 （2）基本满意的广场： 基本符合评价要素的各项标准，其形态构成、可达性、尺度与比例、环境设施符合要求的城市广场。 （3）需要进行改善的广场： 某项（或多项）不符合或者未达到评价要素中的标准，需要进行改善的广场							

措施目录

——城市公共空间规划方法研究

6.1 优秀城市案例借鉴

6.1.1 哥本哈根城市公共空间改造实例

哥本哈根公共空间的整个改造过程历时 30 年，城市中心区由车行交通逐步改变为以步行交通为主导，同时逐步改造、增加城市广场和绿地，使老城中心区的人居品质和城市生活氛围得到一定的复原和提升（图 6.1–1），最重要的一点是城市交通方式的转变。

对城市公共空间进行改造主要包括三个层面：

（1）城市步行道的改造过程衍变；

（2）城市生活和空间使用的改变；

（3）城市滨水区域的复兴。

禁止汽车进入的街道和广场，1962～1996年

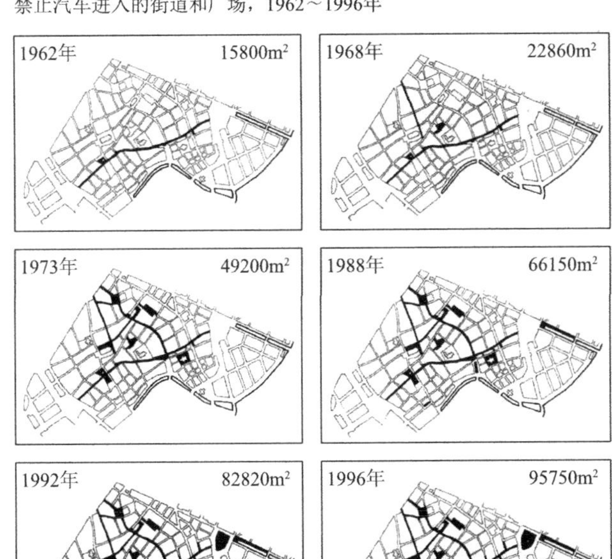

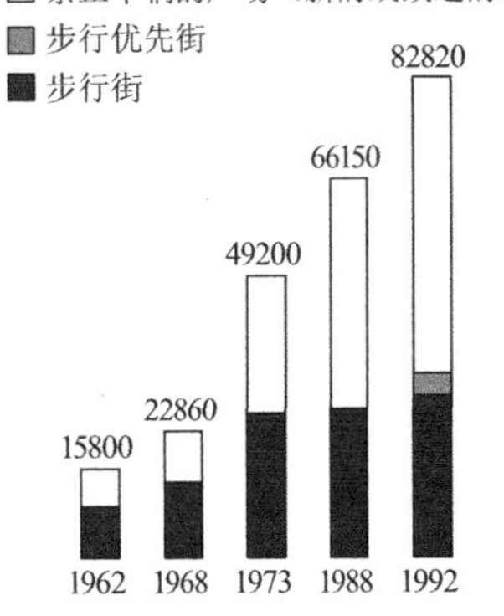

1962～1995年，哥本哈根市中心步行区域的发展（单位：m²）

本页图说明34年来逐渐变化的哥本哈根市中，到1996年，该市中心已另辟出96000m²左右的活动面积，是1962 年第一阶段时的6倍。

上图表明创造步行街实际上完成于1973年。此后，致力于清理和改建城市广场——潜在的城市绿洲。

——与泉州的相似之处：

古城中心区面积：

哥本哈根古城中心区面积：115hm²。

泉州古城中心区面积：120hm²。

完整的古城风貌：

亲切的街道空间尺度，保留完整的传统空间及界面形态。

交通：

车行交通对道路的腐蚀严重，目前也是一个单层交通的城市。

滨水空间：

港口码头空间的复兴，与泉州的滨水空间面临的问题具有一定的相似性。

图6.1–1 哥本哈根公共空间改造过程

1. 城市街道由车行向步行的改造

街道改造前后的场景对比：

哥本哈根改造前，老城区街道被现代汽车等交通方式的改变腐蚀得非常严重，在原本狭窄的街道当中，汽车和人混行，原本在街头丰富的公共生活受到交通方式的影响而不复存在（图 6.1–2）。这一点与泉州老城区大多数街道面临的状况极其相似，有限的空间被私家车、摩托车充斥着，大大影响了泉州老城原本安逸宁静、舒适亲切的空间尺度感和以逸乐为主的街头活动。

图6.1–2　哥本哈根街道改造前后城市街道氛围及活动比较

通过汽车限行和禁行，以及对城市街道传统空间的立面改造等措施，哥本哈根老城中心逐渐复原了原有的城市面貌和氛围，随之提升吸引力，旅游业也得到发展，整个老城区表现出前所未有的人气与魅力，大街小巷过往的居民、游客络绎不绝，极具人情味的城市生活氛围得以复苏，公共交往活动得以进一步增加。

泉州目前城市街道呈现出两种类型：传统古城区道路狭窄，交通混杂，但是尺度宜人（图 6.1–3）；现代城区道路较宽，为小汽车规划设计，但是对街区割裂严重，人行体验感欠佳（图 6.1–4）。

图6.1–3　泉州传统区域当前道路状况

图6.1–4　泉州现代城市区域当前道路状况

2. 城市停车场向城市广场等公共空间转变和改造

西方城市对城市公共交往和空间的需求同样与日俱增，哥本哈根针对老城区城市公共空间相对不足的状况，进行了一系列的改造（图 6.1–5），最重要的是原有停车场向城市广场的转变，在城市交通方式转变的同时，使城市广场在数量和质量上得到较大的增加与提升。

泉州目前停车与公共空间的关系，面临与哥本哈根一样的问题，人行空间和广场活动空间被停车占据（图 6.1–6），因此哥本哈根的经验对于泉州未来公共空间的调整、停车方式的解决具有较高的借鉴意义。

加梅尔广场改造前与改造后的状况对比

高桥广场改造前与改造后的状况对比

图6.1-5　哥本哈根广场改造

图6.1-6　泉州停车现状

3. 城市滨水空间的复兴与利用

哥本哈根港口原本是水手活动的酒肆，但随着港口的衰落，港口空间逐渐变成停车场，仅剩下零星的几家酒馆和咖啡馆坚持着。在城市公共空间改造计划实施后，滨水港口对交通和停车场进行了清理，成为一个步行区域，但其基本不承载交通职能，使用目的就是使这个空间成为一个广场，一个让更多的人停留而不是走过的空间，它是城市当中的一片绿洲（图 6.1–7）。

沿新港运河城市公共空间改造前后对比

梅尔滨河广场改造前后对比

威德滨河广场改造前后对比

图6.1–7 哥本哈根滨水空间改造

泉州城市内外均有众多丰富的滨水资源，但是都市内部滨水空间环境品质普遍较差（图 6.1–8），不能吸引人们的驻足和交往，城市外围滨江公共空间也缺乏人性化设计，受快速交通的影响难以积聚人气。

4. 城市中心区外围的城市公园

中心区外围城市公园分布相对均匀，促进了城市边缘地区城市的公共生活，使城市边缘也具有较高的人气（图 6.1–9）。此外，城市边缘的公共开敞空间大多为城市的主要入口，承担着城市形象重要的展示功能，同时作为大型绿地或高绿地率空间，也为城市承载着较为重要的生态功能。

泉州呈现了与哥本哈根类似的空间特征，在传统古城范围内城市公共空间尺度较小，景观宜人（图 6.1–10）。而在古城外围区域仍然存在大量的大尺度城市绿地、公园、滨水空间等生态型公共空间（图 6.1–11），在未来发展中也应当进行差异化的规划设计。

图6.1–8　泉州滨水空间

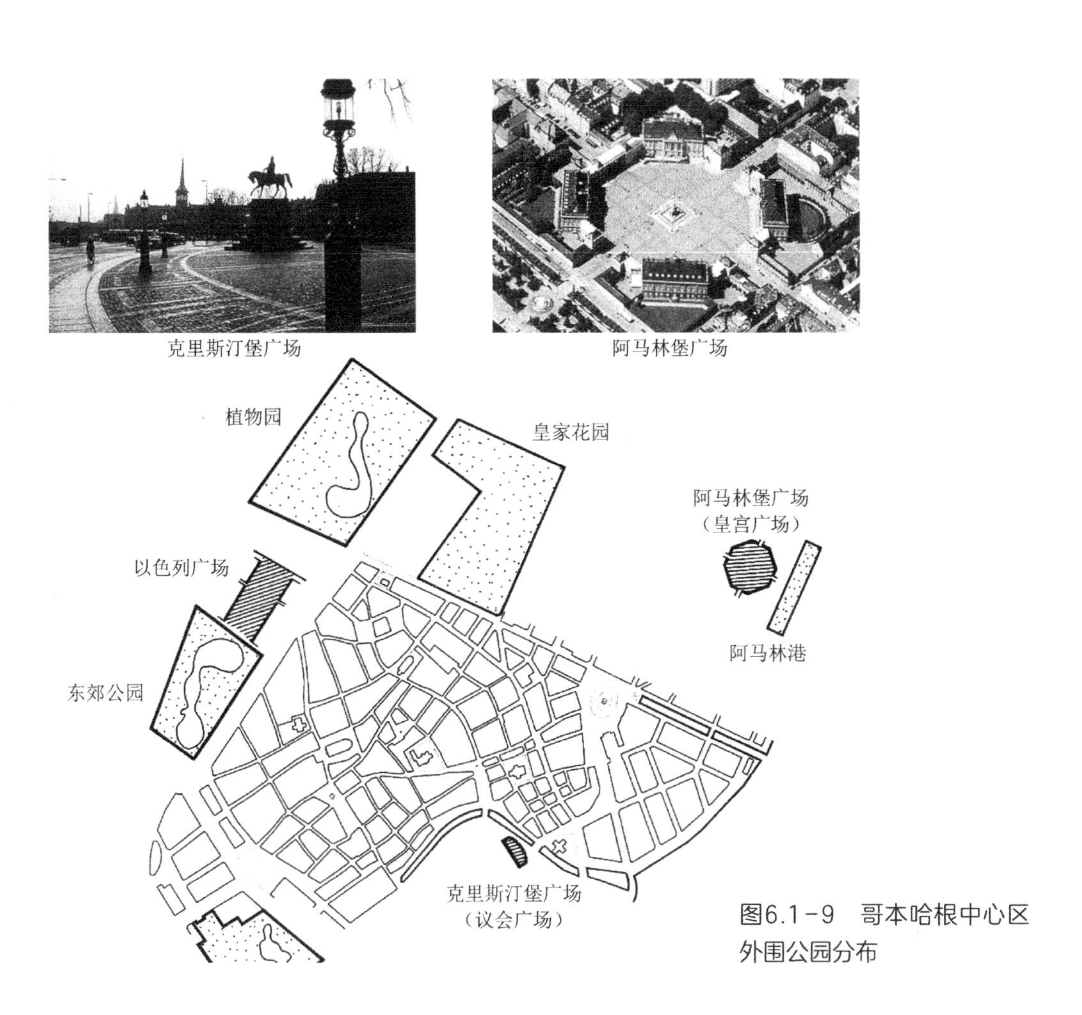

图6.1-9　哥本哈根中心区外围公园分布

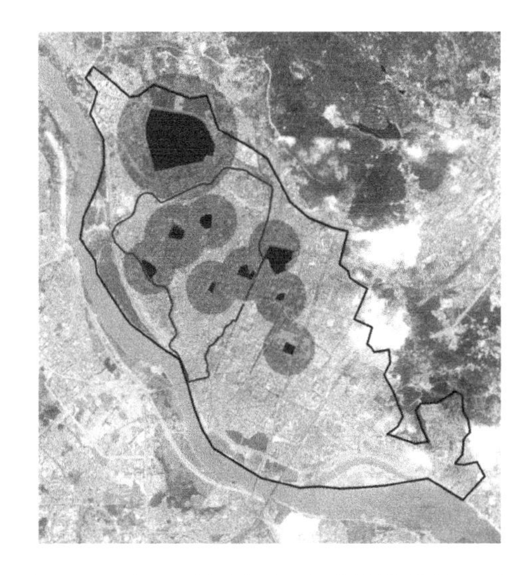

图6.1-10　泉州城市公共空间步行覆盖范围（步行500m）

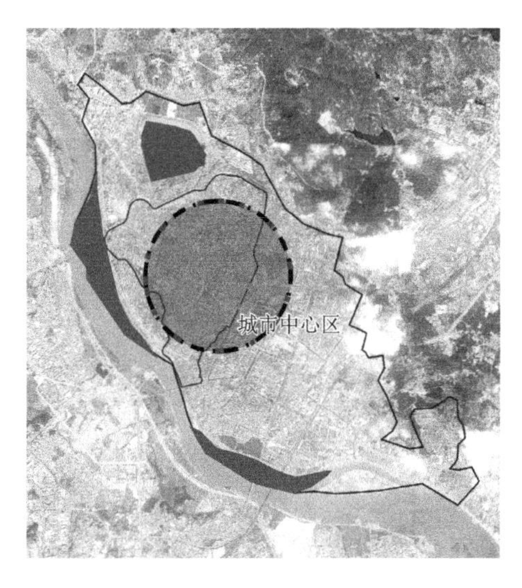

图6.1-11　泉州城市中心区外围公园分布

6.1.2 国外公共空间改造措施总结（表6.1-1）

国外公共空间改造措施总结　　表6.1-1

代表照片	城市	战略目标	公共空间策略	改造方法	改造后的公共空间效果	对泉州发展的启示
	巴塞罗那	在城市各处为休闲和社会活动建立完美的公共空间	体系构建：大量新的公共空间遍布城区，每个街区都有自己的“起居室”，每一个地区都有公园	（1）大部分建在拆毁的旧公寓建筑和工厂的基址上； （2）小部分是缩小原已形成的专供机动车行驶的交通面积而来	（1）“石质特征”通常作为城市起居室和交流场所； （2）“碎石广场”主要供人休息、嬉戏的场所； （3）设置在林荫大道当中的休闲广场，供小坐、休息、玩耍	对城市内部已被荒废的地方进行整治改造，作为公共空间使用
	哥本哈根	更好的公共空间，更多的城市生活；更多的自行车，更少的汽车交通	减少市中心的交通流量并削减停车位，约束了城市内部的汽车交通，制订了一项旨在为自行车交通创造更好条件的政策	（1）减少汽车交通和停车场，大量的街道和广场转换为步行区； （2）逐年拓展自行车的道路网络	（1）沿城市主要街道的每个广场都各有特色，用一些简单的街道铺地联系起来； （2）采用传统的本土材料和简洁的传统设计； （3）伴随出现的咖啡文化； （4）城市中心逐渐形成步行文化的城市生活	（1）修整老城区内游步道，使其步行体系更加连贯、完整； （2）对公交系统进行有力规划
	里昂	为大众创建一个更美好的城市，或者就像它所一直追求的——“一个人民的城市”	不仅是市中心，而且是整个城市都应参与其中，改造既是社会层面的，也是建筑层面的	（1）规划在市中心和郊区之间取得平衡； （2）设定一套设计指南，以指导对街道、广场、建筑物以及桥梁、河堤和经过挑选的历史性纪念物等特殊的城市要素进行总体的艺术和功能性照明； （3）将汽车赶出城市中心，在新改建广场的地下建多层停车场	（1）市区各地每种类型的公共空间，都有与之相应的材料铺设； （2）喷泉和水池是市区内几个广场的特点； （3）住宅区之间分布各种不同类型的公共空间	（1）丰富公共空间的类型； （2）突出公共空间的特点； （3）将公共空间渗透到城市的各个地方

续表

代表照片	城市	战略目标	公共空间策略	改造方法	改造后的公共空间效果	对泉州发展的启示
	弗赖堡	改善行人、骑车人和公共交通的条件并仔细斟酌建筑要素与各种公共空间的关系	把城市中心发展成一个吸引人的、步行的地区，并且保持老的街道肌理	（1）在原有历史网络基础上进行城市重建，较少改动原有的建筑布局和场地尺度； （2）将汽车交通移出市中心外形成环路，在市中心使用轻轨、电车、自行车； （3）大型的相互联系的人行区域几乎包括整个老城中心； （4）使用一种平衡的交通政策	（1）小水渠系统界定和突出线性的街道，还起到隔离人行道和轻轨的作用； （2）所有的街道、大面积地面和沿建筑立面的人行道铺设不同类型的石材； （3）人行道上的圆形标记作路标之用	（1）保持老城区和古城形态的完整性； （2）公共交通体系和设施贯穿整个城市，形成有机的系统； （3）新城区内增加步行街道和广场
	波特兰	即便是在一个汽车王国里，建立亲切的步行城市也是可能的	城市的整体政策包括交通、生态、社会、文化经济等因素，也包括精心设计的休闲区和步行方便的城市中心	（1）行人与公共交通被赋予高度的优先权； （2）城市的空间是根据其综合功能来定位的； （3）制定公共空间政策的设计指南	（1）街区面积较小，为行人提供更多的可行路线； （2）沿街建筑及广场必须开放，使室内外空间密切联系； （3）步行者优先权，为行人创造高质量的整体环境； （4）建筑室内外公共空间做到适当过渡	（1）步行系统作为老城区内主要的交通形式； （2）对所有公共空间进行合理规划和调整； （3）制定相关的公共空间策略指南
	墨尔本	保持和强调市中心的步行交通的生气与活力	保持街道为城市最重要的公共空间，加强绿色城市的地位，制定充满活力的沿街建筑立面的设计方针	（1）有轨电车是城市现状与历史的联系纽带； （2）加强城市街道中的公共生活和步行交通； （3）加宽主要人行道、种植许多新的行道树； （4）室内的通道禁止穿越街道，面向城市的干道的底层立面必须生动、透明	（1）整个城市几乎没有广场； （2）城市街道是最重要的公共空间，路旁的行道树和路灯强化了空间的线性特征	（1）改善公共空间的质量，提高公共空间品质； （2）对公共设施进行相关考虑，使其更加完善

续表

代表照片	城市	战略目标	公共空间策略	改造方法	改造后的公共空间效果	对泉州发展的启示
	库里蒂巴	努力建设一个可持续发展的城市，为公共空间的公共交通和生活创造良好的条件	城市发展遵循着所谓的“五指计划”，围绕市中心的大街延伸发展，城市公交享有优先权	（1）每个指形地带围绕带有公交系统的大道而建，沿线是密集的高层建筑，其高度随远离交通大道渐远降低； （2）中心大道只允许公共汽车、自行车及本地车行使； （3）成立独立的规划机构	（1）兴建了大批极具特色的城市公园，为人口密集的城区提供了极好的娱乐机会； （2）城市范围内，有26片树林与公园； （3）综合性的步行街和步行优先街网络吸引人们漫步街头	（1）城市中心减少机动车流量，以公共交通和步行交通方式为主； （2）提高城市绿色覆盖率
主要案例归纳总结		步行交通占主导，创建更多更好的公共空间	以交通策略为主导街道、步行街区多种策略相结合	（1）增加步行道和公共空间数量； （2）减少车行交通，增加步行交通和公共交通	（1）形成系统的步行道； （2）城市遍布广场	

6.2 宏观层面实施措施研究

6.2.1 相关主要问题分析

泉州公共空间宏观格局评价见表 6.2–1。

泉州公共空间宏观格局评价

表6.2–1

	以公共空间自身为主体的景观体系评价要素	与公共空间相关联的契合性要素		
评价要素	城市公共空间整体景观结构与布局	公共空间与城市自然特征的契合关系	公共空间与城市社会要素的契合关系	公共空间与城市综合交通的契合关系
泉州可抽取的相关重要要素的特征	◆体系方面：以最早的十字街道为公共空间发展骨架； ◆类型方面：寺庙院落、滨水公园和沿街商业是主要的公共空间类型； ◆空间分布特征：公共空间依赖景观体系而建，两者之间具有较为合理的协调、配合关系； ◆公共空间比例：内部都市型公共空间所占比例较低，城市外围自然生态型公共空间所占比例较大； ◆空间意象：公共空间最突出的意象是宗教特征	◆太阳辐射总量较高、光热雨水都很充沛，漫长、炎热的夏季对公共活动影响较大； ◆泉州具有丰富的地貌特征：境内山峦起伏，丘陵、河谷、盆地错落其间； ◆有良好的生态基础和优秀的自然景观	◆泉州战略定位是历史文化名城和国际性旅游城市，东南沿海工贸中心和港口城市； ◆泉州古城及历史特征尤为突出； ◆古城城市文化以宗教文化为主体，整体城市文化呈现多元化的特征； ◆泉州以拼搏进取精神为主体，在丰富的物质基础上，形成以逸乐、宜居等多元的价值取向	◆城市道路呈不规则的方格网状结构，公共交通体系建设相对滞后； ◆老城区内道路以人行交通为主，新城区人行与车行并行
泉州老城区分项评价	√公共空间体系比较完整； √公共空间类型以大型院落空间和城市公园为主； √建设密度高，公共空间分布较均衡，面积较大； √公共空间具有明确的主题意象，同时能反映地方文化特征	√公共空间根据自然生态特征、气候特点建设，大型院落空间拥有良好的自然生态资源，起到很好的遮阳和通风作用； √公共空间的类型和分布与当地自然景观、地形地貌等因素配比关系良好； √公共空间体系与自然山水、地形地貌、植被等自然要素结合较好，对当地气候具有较强的适应性； √入口标志性景观与其对应的公共空间结合紧密，对于公共空间的表现起到积极作用	√公共空间以寺庙院落为主，体现了泉州的城市文化主题，符合泉州历史文化古城的定位； √现有公共空间分布延续历史上的公共空间分布特征，在使用功能上也没有太大的变化，保留了该地域的价值取向特点； √公共空间体系完整、品质较高、气质较好，能突出一定的城市特征，在对城市文化和精神上起到一些引导作用	√车行道路网络稀疏，但整体原有道路体系连通性较为顺畅； × 公共交通能够将一些公共空间相互串联起来，但没有形成系统； √步行系统比较密集且基本呈网状分布； √公共空间与步行系统间存在有机联系，渗透性较强

续表

	以公共空间自身为主体的景观体系评价要素	与公共空间相关联的契合性要素		
老城区总体评价	公共空间与景观体系结合良好，整体空间以道路为公共空间骨架结构的特征明确，具有明确、清晰、深刻的城市主题意象和识别性； 公共空间建设充分利用了自然生态资源的优势、与地形地貌的结合关系良好，对当地气候具有较强的适应性；公共交通体系不够完善，汽车、摩托车等现代交通方式的引入对城市原有步行系统有较大的影响；对于城市形象而言，城市意象极其清晰和突出，空间分布、尺度、环境等与现有城市定位和城市意象相符合，但就目前定位而言，公共空间相关基础设施建设相对落后。 综合认为泉州古城具有良好的公共空间景观体系，与自然气候和地形地貌契合关系恰当，综合交通和相关基础设施存在一定问题，但鉴于其清晰明确的城市意象、完好保存的城市风貌，其整体城市公共空间格局仍不失为较为优秀的典范			
泉州新城区分项评价	× 公共空间体系缺乏连续性和层次性； √公共空间类型以滨水绿地空间和广场为主； × 地域分布上很不均衡，与城市核心功能结合较差； × 建设强度高，公共空间分布失衡，所占比重较低； × 公共空间整体意象模糊	× 城市广场大多空旷，景观和绿化比例不大，没有达到遮阳、通风等自然气候的适应性要求； × 公共空间分布与自然山水、地形地貌的结合度较低，配合关系较弱； × 城市功能区与生态环境间的结合度不高，滨江道沿岸的自然公共空间的品质与外延性差，造成生态景观资源的极大浪费，有些水域甚至遭到污染； × 公共空间整体意象性与自然山水等生态要素间的结合度不高，协调性较差	√城市功能区车行道路网络分布密集，在城市建设区内形成较好的组织关系； × 公共交通与公共空间缺乏有机联系，可达性较弱； × 步行交通没有形成系统，各步行路间缺乏有机联系； × 公共空间与步行路之间联系不够紧密、结合度较差，渗透性不强	× 公共空间以广场为主，缺乏关于泉州相关文化特征的表现，对于泉州的战略定位和文化精神没能予以展现； × 设计手法上没有新意，也没有结合泉州的历史文化，形成的空间比较单调、空洞，城市的形象定位与公共空间体系相脱节； × 公共空间缺失情况比较严重，且在空间塑造上未能展现城市特色，品质较差；公共空间体系中包含的人文因素相对较少，未能对城市文化和精神起到一定的指导作用
新城区总体评价	公共空间体系缺乏系统规划，层次、分布、类型选择等均相对含混杂乱，城市整体形象趋于现代国际化和同一化； 公共空间整体类型与自然气候契合关系不强，与地形地貌特征的结合度考虑较弱；车行为主的交通方式对公共空间道路体系腐蚀较为严重，公交体系不够健全，同时缺乏独立的人行系统；城市意象趋同性强，城市形象的独特性和可识别性较弱。 综合认为泉州现有中心城区在城市建设飞速发展的同时，对公共空间体系缺乏足够的重视和相关的规划设计考虑，整体城市公共空间结构和体系相对混乱，有待进一步深入分析并进行针对性的逐步改善			

6.2.2 宏观层面措施目录

1. 针对公共空间与自然要素的契合关系（图6.2–1）

（1）对于自然气候

相关问题 1：现有中心城区与自然气候相适应的公共空间类型相对匮乏。

措施 1：中心城区公共空间建设适当汲取传统与自然气候相适应的空间元素。

措施 2：在中心城区公共空间（尤其是广场）中增加城市绿地、避暑设施、服务设施等，增加空间对地方气候的适宜性。

措施 3：提倡鼓励林荫道的设置，提供舒适的街道步行环境。

相关问题 2：现有中心城区主题性广场过于空旷，夏日暴晒严重，不适宜进行公共活动。

措施 1：主题性广场在考虑景观展示功能的同时，应考虑泉州当地气候的特征，通过空间设计和设施设置满足人性化需求。

措施 2：提高广场的绿地率，改善微气候环境。

措施 3：丰富广场的构成要素，为多样的公共活动提供适宜的场地。

措施 4：适当增加公园、高绿地率街头广场等。

相关问题 3：现有中心城区与气候相适应的“大型公共建筑附属院落类型”公共空间消失。

措施 1：结合当代文化，公共建筑附属空间的规划设计适当吸取传统院落空间的手法和元素。

措施 2：在城市更新中，保护具有历史文化价值的院落空间，对于新区具有历史文化特征的区域，可以考虑传统院落空间模式与风格的设计。

（2）对于自然地貌

相关问题 1：现有中心城区内都市公共空间分布与自然水道联系不足。

措施 1：开辟增加自然水道的公共空间，适当引入商业、娱乐等设施，以积聚滨水区的人气。

措施 2：在城市公共空间体系中结合考虑与水体之间的联络关系，灵活运用现有水道，加强公共空间与水体的有机融合。

与自然地形相适应的公共空间格局

道路公共空间与景观轴线相结合

高绿地率公共空间对气候的适应性

上海人民广场：景观、形象展示与人的活动紧密结合

对于滨水地貌的公共空间布局设计

与气候相适应的街道空间设计

图6.2-1　与自然要素相结合的公共空间示例（一）

与自然地形结合的公共空间类型设计

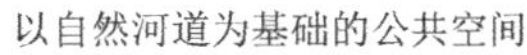

图6.2-1 与自然要素相结合的公共空间示例（二）

措施 3：改善市区内公共河道的水体质量和空间景观效果，提升滨水空间环境品质。

相关问题 2：城市外围自然型公共空间与晋江结合度不足，滨水景观效果不佳。

措施 1：丰富滨水公共空间的功能，结合滨水区域提供多种形式的开放空间，促进公共生活的发生。

措施 2：提高外围自然型公共空间的滨水景观质量和可达性，提供丰富的亲水设施。

措施 3：控制和治理晋江水体质量，重视晋江的生态、景观和人文价值塑造。

相关问题 3：城市公共空间分布与山水景观视廊联系性不强。

措施 1：以公共空间作为景观视廊的重要构成部分，使城市生活与景观视廊有机融合，以增强景观视廊的实用价值。

措施 2：重要城市入口和道路空间与景观视廊进行穿插组合，保留山水视廊的公共空间，突出城市的山水意象。

2. 针对公共空间与城市综合交通的契合关系

（1）对于道路级别

相关问题 1：现有中心城区道路等级不均匀，主次干道比例失衡，次干道明显不足。

措施 1：合理均衡配置道路等级，改造打通部分封闭地块，增加次干道和城市支路及人行路。

措施 2：老城区中心道路改造性不强，且具有保护价值，应在保证公共空间体系完整的情况下，在中心区外围开辟主次干道，满足交通流量的需求，避免传统道路网格的进一步腐蚀。

相关问题 2：新老城区均缺乏高品质步行空间，新城区步行系统缺失。

措施 1：城市中心区有计划地逐步使部分街道步行化，打造高品质的商业、文化、娱乐等步行街。

措施 2：在部分区域的街道制定步行优先的政策和措施。

措施 3：提高与车行交通并行的步行区域的环境品质，适当增设开放性公共空间节点。

措施 4：加强城市立体交通设计，在三维层次实现人车分流。

相关问题 3：车行交通以及交通方式对步行环境的影响严重，新老城区均缺乏舒适宜人的人行道。

措施 1：禁止摩托车等噪声、尾气污染严重，交通难以管理的交通方式。

措施 2：强调人行优先策略，实现部分交通干道下穿或区域立体交通模式等。

措施 3：在城市中心区和重要公共空间区域，实现车行限速，以保证人行感受的安全性，避免快速交通对公共空间与市区生活的隔离。

（2）对于公共交通

相关问题 1：城市公共交通发展建设滞后，公交系统和硬件质量较差。

措施 1：公交线路设置根据交通流量，与城市主要公共空间和公共服务设施联合考虑，有重点、有主次地布置。

措施 2：增加公交车数量，根据交通需求变化增加出车频率。

措施 3：提升公共交通的硬件和服务质量，创造舒适的乘车环境，以政府补贴的形式鼓励市民对公交系统的使用（图 6.2–2）。

措施 4：公共交通应与步行系统形成良好的配合关系，如步行街设置观光车、公交站点与人行路线相联系等。

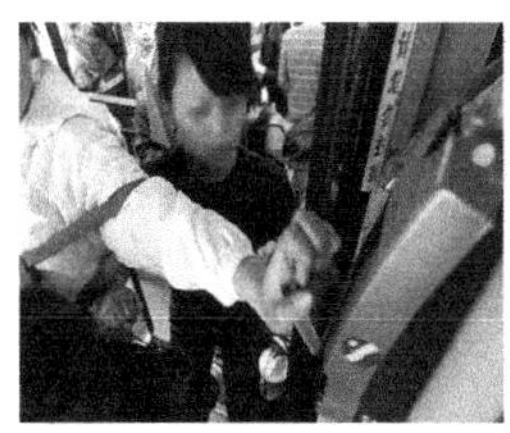

实例：北京公交系统的发展

背景：曾经，北京交通发展形成了这样的模式——放开私车，车多了，多修路，但路修得越多，车却堵得更厉害，为了疏堵，又继续修路，与此同时，公交却被忽视了，留下了太多的“欠账”。这种发展模式造成的恶性循环让北京市吃尽了苦头，公交出行率一再滑落，首都变“首堵”，城市的宜居水平难以提升。面对机动车迅猛增长的态势，优先发展公共交通，成为北京市必然而坚定的选择。

政府的补贴政策：

大幅度增加公交专用道；财政每年投入公交40亿元；公交用地优先，加快建设公交换乘枢纽等。

乘客持“一卡通”卡乘车将实行5折优惠，学生持学生卡乘车实行2.5折优惠。

公交数量的增加：

自1924年第一条有轨电车线路正式投入运营至今，北京公交车辆的面貌发生了巨大的变化，总数从10辆迅速增加到25368辆，运营线路从1条增加到823条，由单一的有轨电车发展到布局更加合理的多种运营结构，尤其是近几年，北京公交加快了“绿色公交”的步伐，不断增加CNG、LNG公交车，清洁燃料车拥有量已居世界各城市的首位，公交车辆已经成为现代化大都市一道靓丽的风景线。

图6.2-2　与公共交通相契合的公共空间示例

相关问题2：城市公共交通对城市周边大型公共空间的影响力和带动力不足。

措施1：外围城市公交线路应以公共空间的布置合理设置站点，公交站与大型开敞空间相结合。

措施2：开辟旅游型的近郊快速公交路线，带动周边具有旅游价值的城市公共空间的发展。

措施3：实现公交下乡，以公共交通促进农村与城区公共空间和服务设置的共享。

3. 针对公共空间与城市要素的契合关系

（1）对于城市定位

相关问题1：现有中心城区城市公共空间意象与老城区差别巨大，历史文化名城的城市特征彰显不足。

措施1：在物质空间上，在新区应适当延续老城区优秀的可为今用的空间形式，如沿街的“骑楼”、院落空间的优秀品质特征等。

措施 2：在文化习俗上，新区应开辟多样的城市公共空间，为传统民俗和文化的发生提供恰当的发生场所，如丧礼婚庆等特殊的民俗需求，同时避免其对社区的干扰。

措施 3：对于公共空间界面，新区建筑可以适当延续改良传统建筑元素和色彩等，并恰当运用以突出泉州地方性特色。

相关问题 2：对于文旅发展而言，新老城区相关公共空间及旅游配套设施明显不足。

措施 1：对现有传统公共空间品质的提升，如采取交通管制、配套设施完善、品牌打造等手段改造更新中山路商业街，打造具有泉州品牌的高档商业步行街。

措施 2：老城区以重要旅游景点为核心，进行公共空间系统的组织和相关休闲设施的配置，如以开元寺为核心，周边进行关于旅游休闲公共空间的植入或更新（以现有传统院落为基础的公共空间整合改造和更新）。

措施 3：以泉州人文历史传统为基础，开辟不同类型的公共空间与传统特色文化相对应，打造非物质文化旅游特色。

相关问题 3：城市宜居性氛围不足，城市公共空间缺乏宜居城市应有的舒适休闲氛围。

措施 1：通过前述对于综合交通的改造，实现市区各公共空间与服务设施的可达性，使人们出行安全便捷。

措施 2：提高公共空间的地方自然适应性和整体舒适性。

措施 3：提高公共空间安全性，完善城市配套公共设施。

（2）对于城市文化

相关问题 1：现有中心城区城市公共空间大多缺乏主题性。

措施 1：对不同公共空间应明确其整体功能和景观定位，如行政广场突出严肃庄重的主题特征、历史广场以某传统文化为主题等。

措施 2：通过以具有地方特色的公共空间命名的形式，打造公共空间的主题品牌。

措施 3：通过区域性不同类型地标点的设置，区分公共空间的不同主题。

措施 4：通过大型商业、文化、娱乐等活动增加城市公共空间的主题性（图 6.2–3）。

地方特色的文化活动可以有效提高城市公共空间的人气，强化空间的地方生活氛围特征

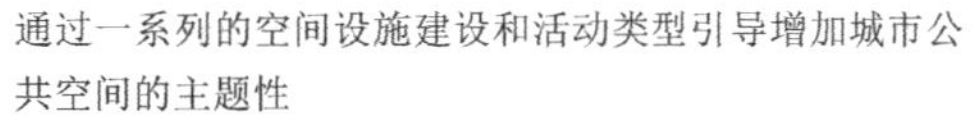
通过一系列的空间设施建设和活动类型引导增加城市公共空间的主题性

图6.2-3 城市文化对于公共空间和生活的影响

相关问题 2：现有中心城区城市公共空间城市文化氛围不足。

措施 1：在新区公共空间当中，鼓励传统文化活动的发生，如定期在广场举办庙会或传统戏曲演出等（图 6.2–3）。

措施 2：公共空间内或周边设置与文化活动发生所需要的公共设施，如茶道馆、曲艺社等。

相关问题 3：逸乐文化生活氛围不佳，使用效果较差。

措施 1：改造街头公共空间，为街头逸乐活动提供优质的公共空间。

措施 2：通过举办地方传统活动等，吸引鼓励人们对公共空间的使用。

措施 3：设置一系列的主题性公共设施，促进人们对公共空间的使用，如篮球场、运动草坪、健身器材等体育设施的设置。

4. 针对公共空间自身景观体系

相关问题 1：城市整体公共空间体系不够完整，分布相对散乱，结构性不强，比例较低。

措施 1：对现有公共空间分布进行结构分析，进行不同结构形态的可行性分析，整体进行概念性梳理。

措施 2：通过轴线和景观视线廊道、生态廊道等控制加强城市公共空间体系。

相关问题 2：公共空间分布与城市中心区结合度不高，空间不足。

措施 1：对中心区公共空间不足的状况，可集中进行现有建设质量不高区域的空间改造，如对城中村的更新改造，开辟更多的开敞空间用地。

措施 2：加强中心区道路空间作为公共活动主要场所的地位，加强步行系统的建设。

措施 3：在一定社会保障的基础上，开放城市中心区的封闭地块，实现公共开敞空间的社会共享。

相关问题 3：公共空间用地比例失衡，整体用地比例不高。

措施 1：公共空间总用地面积不足，新区应增加公共空间用地在城市总用地的比例。

措施 2：调整公共空间不同类型之间失衡的比例，鼓励主体公共空间的建设和发展。

措施 3：采取用地补偿的政策，如奖励容积率、土地置换等方式，增加公共空间的实际占地比例。

相关问题 4：公共空间联系性不强，整体空间体系断裂。

措施 1：加强街道公共空间的联系性和网络性，串联点状公共空间。

措施 2：以城市轴线、景观廊道、生态廊道、主题意象重复等方式在老城、现有城区和未来城区之间形成统一的空间体系特征。

6.3 微观层面实施措施研究

6.3.1 主要问题分析

根据第 5 章关于城市公共空间微观塑造的研究，在已研究确定的评价标准的基础上，以泉州为例进行相关措施的制定。

在本节中，依然以街道（表 6.3–1）和广场（表 6.3–2）两类最主要的公共空间为例，分别对其各个重要的影响构成要素进行相关措施和经验方法介绍。

在措施目录制定过程当中，始终以场所的活动、构成、意向三个构成要素为前提框架，以解决泉州现状问题和不足之处为目标，最终实现城市公共空间的环境改善，进而提升城市居民的生活质量和城市形象。

公共空间微观评价——街道　　表6.3–1

<table>
<tr><th rowspan="2">评价要素</th><th rowspan="2">活动</th><th colspan="6">形式构成</th><th rowspan="2">空间意象</th></tr>
<tr><th>形态与建设强度</th><th>空间秩序</th><th>可达性</th><th>尺度与比例</th><th>构成与界定</th><th>环境设施</th></tr>
<tr><td>评价要点</td><td>（1）活动的强度；
（2）活动的复合度</td><td>肌理</td><td>空间序列</td><td>（1）视觉可达性；
（2）行为渗透性</td><td>（1）地方气候适应性；
（2）空间尺度；
（3）空间比例</td><td>（1）街道断面；
（2）空间界定</td><td>（1）街道绿化；
（2）街道家具</td><td>（1）焦点；
（2）界面风格；
（3）空间氛围</td></tr>
<tr><td>评价标准</td><td colspan="8">公共空间微观评价——街道的评价标准
（1）优秀的街道：
充分满足评价要素的各项标准，适应当地的气候环境，舒适宜人，具有浓厚的场所氛围，突出城市的历史文化和地方色彩。
（2）基本满意的街道：
基本符合评价要素的各项标准，环境舒适宜人，其可达性、尺度与比例、环境设施符合要求的城市街道。
（3）需要进行改善的街道：
街道空间的功能未达到评价要素中的标准，需要进行改善的街道</td></tr>
</table>

公共空间微观评价——主题广场

表6.3-2

<table>
<tr><th rowspan="2">评价要素</th><th rowspan="2">活动</th><th colspan="6">形式构成</th><th rowspan="2">空间意象</th></tr>
<tr><th>形态与建设强度</th><th>空间秩序</th><th>可达性</th><th>尺度与比例</th><th>构成与界定</th><th>环境设施</th></tr>
<tr><td>评价要点</td><td>（1）活动的强度；
（2）活动的复合度</td><td>（1）肌理；
（2）基面形态</td><td>（1）空间等级；
（2）空间序列</td><td>（1）视觉可达性；
（2）行为渗透性；
（3）开口位置</td><td>（1）地方气候适应性；
（2）空间尺度；
（3）空间比例</td><td>（1）构成要素；
（2）空间界定</td><td>（1）广场绿化；
（2）广场家具</td><td>（1）焦点；
（2）界面风格；
（3）空间氛围</td></tr>
<tr><td>评价标准</td><td colspan="8">公共空间微观评价——广场的评价标准
（1）优秀的广场：
充分满足评价要素的各项标准，适应当地的气候环境，环境舒适宜人，具有良好的功能，能够突出城市的历史文化和地方色彩。
（2）基本满意的广场：
基本符合评价要素的各项标准，其形态构成、可达性、尺度与比例、环境设施符合要求的城市广场。
（3）需要进行改善的广场：
某项（或多项）不符合或者未达到评价要素中的标准，需要进行改善的广场</td></tr>
</table>

6.3.2 针对街道空间的改造和设计措施目录

1. 活动

（1）对于增加活动强度（图 6.3-1）

措施 1：根据泉州的气候特征，夏季阳光强烈，提供庇荫设施或大型树木等，以降低日照对公共活动的消极影响。

措施 2：以活动带动活动发生的方式促进城市公共活动强度的增加，如举办演出、文化活动、游行等增强人气，以促进沿街商业、娱乐、交流等公共活动的伴行发生。

措施 3：通过夜间照明设施的设置等方式，延长室外活动时间，增加人们夜间安全步行的需求，以增加公共空间的活动强度。

（2）对于提高活动复合度

措施 1：提高公共空间对于活动的支持度；加强沿街界面的功能复合度，如便利店、咖啡店、休息椅、娱乐设施、运动场地、健身器材、儿童游戏场地等多种功能的混合设置，以促进各类公共活动的发生。

通过浓密的行道树冠遮阳，增加街道舒适的活动空间

活泼的临街面

夜晚舒适的照明可以增加人们的户外活动时间

丰富多样的活动的街道

图6.3-1 增加街道活动措施示意

措施 2：举办街头活动，如举办丰富多彩的节日庆典活动、戏曲、娱乐、竞赛等表演活动，提高人的参与度和街头城市逸乐生活的丰富性。

措施 3：改善街头环境质量，如提高步行道及街头的空间品质、增设沿街家具等设施，以增加城市街头生活的发生频率。

2. 构成——提升公共空间的空间品质

（1）形态与建设强度

城市界面控制措施：

措施 1：加强临街建筑界面风格的连续性和统一性（图 6.3–2），避免城市设计中的突兀异类建筑界面对整体的破坏。

措施 2：突出临街建筑界面细部设计的丰富性和多样性，避免乏味的临街面。

措施 3：增强建筑界面的凹凸性，为街头活动提供休憩设施（图 6.3–3）。

（2）空间秩序

空间序列控制措施：

措施 1：强化街道空间的线性序列感，明确街道序列的起点和终点，构建完整的街道空间序列（图 6.3–4）。

措施 2：通过街道串联各个城市公共空间节点，形成具有主题特色的街道空间序列（图 6.3–5）。例如，通过串联小型街头活动空间和重要建筑前广场、开放绿地等，形成丰富多样的街道空间序列。

措施 3：城市核心街道应建立体现城市形象和精神特色的序列空间，如泉州道路交叉口处通过雕塑设置形成的空间节点性序列感。

（3）可达性

视觉可达性优化措施：

措施 1：对于重要公共空间的设置，道路空间设置应与公共开敞空间直接相连通，使人行路径与目标点呼应，促进公共空间的可达性。

措施 2：道路空间与目标点不能相通时，人行道路中途应尽量避免视觉渗透，可采用围墙、植物遮挡等方式使目标空间不可见，以使中间的保护区域得以完整保存。

措施 3：对于绕行才能到达的公共空间，在道路中间应设置中途节点，引导人们对公共空间的进入和使用。

（4）提高街道行为可达性的措施

行为渗透性优化措施：

措施 1：对于城市中心区人行量较大的街道，可以考虑通过禁止或者分时段限制车行交通流量的方式，保证人行道路体系的完整性。

措施 2：在人行活动丰富、对于车行交通具有重要影响的街道区域，可采取控制车行时速在 30km 以下的措施，增加人行斑马线等方式以保证人行的通畅与舒适。

图6.3-2　统一而丰富的街道界面可以促进公共活动的增加

图6.3-3　凹凸的临街面是增加人们停留的有效方式

图6.3-4　道路交叉口处序列性空间节点

图6.3-5　以道路串联的公共空间轴线序列

措施3：在道路腐蚀严重的区域，可以通过增加红绿灯、修建人行天桥和地下通道等方式提高步行空间的通达性。

措施4：在快速交通与人行冲突的区域，首先应考虑快速交通地下设置，真正遵循“人行优先”的原则，实现立体化公共空间效果（图6.3-6）。

（5）尺度与比例

1）地方气候适应性措施：

措施1：对于夏日活动丰富的街道，加大街道比例以提供更多的阴凉空间，创造舒适的街头环境。

措施2：增加街道当中具有遮阳效果的大型树木和街头绿化等设施（图6.3-7），用以改造高宽比例较小的街道，调节道路的微气候。

图6.3-6　城市中心区快速路改造为地下交通方式，同时增加地上公共绿地空间

图6.3-7　通过树木对街道的尺度比例进行改善和调节，以创造良好的围合感和场所感

2）空间尺度与比例控制措施：

措施 1：根据研究中人的交流尺度的不同需求，设置不同比例的街头空间节点，加强环境与人的交流。

措施 2：街道宽度应尽量控制在 24m 以内，以适宜人与人的交流需求；超过 24m 的宽阔街道和街头空间，应根据不同的界定方式进行改善。

措施 3：塑造亲切宜人的人性化小尺度街道和街头空间，有利于加强人与环境之间的对话。

措施 4：在泉州老城区，应控制立面高度与底面宽度的高宽比在 1 ： 1～1 ： 2.5（图 6.3-8），保存原有传统街道空间较好的围合感的泉州特色。

图6.3-8 不同街道尺度和比例的设计效果与空间感受差异

（6）构成与界定

1）街道断面提升措施：

措施 1：强化街道断面形式与街道不同功能和等级的一致性。

措施 2：适当增加街道的自然要素，如树木可以提供休憩性空间感，城市河道等与道路结合以增强景观吸引力等。

措施 3：针对街道空间的特点，适当布置丰富的街道家具，如增加临街的公共休憩桌椅、遮阳伞、骑楼等。

2）空间界定优化措施：

措施 1：根据空间界定方式的设置，控制街道中完全开放、半开放、半私密、私密空间的范围和衔接。

措施 2：根据街道的文化、氛围等空间需求，增加街道标志性界定要素，如十字路口标志性雕塑、构筑物等。

措施 3：通过植物、设施等景观元素对街道空间进行功能划分和界定。

措施 4：通过增加临街界面的高低层次、天际线跳动变化，增加街道空间的活跃性。

（7）环境设施

1）绿化环境措施：

措施 1：加强街道植物的景观效果和气候调节作用，选择形态与荫蔽效果俱佳的树种，提高街道的舒适度和环境品质。

措施 2：增加大型树木和小型绿地在街道空间中的比例。

措施 3：提高街道植物品种的多样性，在不同特色街区种植一些特色植物，如沿街的花卉展示、榕树一条街、银杏大街、刺桐大道等。

措施 4：街道与河道平行布置，可利用河道天然的通风效果，增加街道空间的舒适性。

2）城市家具措施：

措施 1：提高城市公共设施的覆盖面，综合配置街道的休息、环卫、健身等设施（图 6.3–9）。

措施 2：加强街道设施的美观和趣味性。

措施 3：构建完整的城市标识系统。

图6.3-9 街道家具与景观较好结合的实例

3. 空间意象

（1）焦点

措施 1：在城市街道重要节点位置，应根据空间尺度需求设置突出城市文化特征的视觉焦点（图 6.3-10），以强调城市文脉的延续感。例如泉州老城区在街道交汇处的钟楼，形成泉州具有代表性的标志物。

措施 2：利用街道临街面的大型公共建筑或高层建筑形成焦点（图 6.3-11），譬如街道转角建筑、街道中具有重要功能和大体量的公共建筑等。

措施 3：通过夜间照明强化焦点效果的方式，在街道中形成具有夜间吸引力的公共空间焦点，同时可以在夜间弥补物质焦点设计不足的缺憾。

（2）界面风格

措施 1：通过建筑语言在整个临街面中的重复使用（图 6.3-12），形成统一的街道界面风格。

措施 2：通过相同的街道界面类型的重复使用实现街道风格的统一，如沿街骑楼的设置、连续的特色树木和花卉等景观界面的搭配设置。

措施 3：通过街道中的商业广告、灯箱、夜间灯光等元素的统一使用，形成较好的街道界面风格。

（3）空间氛围

措施 1：通过不同的空间布局来塑造空间氛围。例如笔直的大尺度轴线性街道体现庄重、严肃的空间氛围；路线自由、尺度亲切的街道空间易于体现商业、娱乐气息。

措施 2：强化建筑形式和色彩在表现空间氛围的作用。鲜艳的建筑色彩一般用于表现欢快、轻松的氛围；低彩度的颜色建筑体现严谨、理性的氛围。

措施 3：通过增加环境道具，如彩旗、气球、灯笼、户外广告等加强环境的节庆氛围。

措施 4：通过定期鼓励组织各种街头文化活动的方式活跃街道空间氛围。

图6.3-10　道路中间的焦点

图6.3-11　街道建筑形成的视觉焦点

图6.3-12　不同的街道界面风格

6.3.3 针对城市广场的改造和设计措施目录

1. 活动——提倡和促进室外活动

（1）增加活动强度

措施1：根据泉州的气候特征，夏季阳光强烈，提供长时间的荫蔽空间（图6.3-13），可以在日照强烈的时间段吸引人们在广场上的活动。

措施2：夜晚广场充足的灯光照明，提高环境安全感的同时，可以延长人们在广场上的活动时间，尤其是在夏季，灯光充足的广场成为人们夜间公共活动的理想场所。

措施3：广场与宗教建筑或公共建筑紧密结合，可以保证人们出于信仰和使用的必然性，从而在一定时间内使广场具有较高的人气。

（2）提高活动复合度

措施1：提高公共空间对于活动的支持度——广场周边建筑性质和功能复合度，增设便利店、咖啡店、休息椅、娱乐设施、运动场地、健身器材、儿童游戏场地等多种设施和区域，促进广场使用功能的多样性。

措施2：在广场上举办大型主题性活动，以带动其他社会公共活动的发生，如结合商业宣传的大型的地方文化歌舞演出等，在吸引人流的同时促进人们之间的交往活动。

措施3：为广场创造举行多种公共活动的可能性，如举办节日庆典活动、戏曲、娱乐、竞赛等，通过增加活动种类来提高公共空间的活动复合度。

图6.3-13 广场上的大型植物、太阳伞提供了一定的荫蔽空间

2. 构成——提升公共空间的空间品质

（1）形态与构成

基面形态措施：

措施 1：广场的基面形态必须符合广场用途和人的活动需求，例如严格对称的基面形态容易产生正式、庄严的空间效果；自由、不规则的基面形态更加休闲、生活化。

措施 2：广场基面形态明确，有利于人们的感知，例如清晰的几何形更加容易分辨方向（图 6.3–14）。

（2）空间秩序

1）空间等级措施：

措施 1：不同类型的城市广场，可以通过空间布局来体现等级（图 6.3–15），如对称性的宗教广场的空间等级明显高于不规则型的街头广场。

措施 2：在城市广场群中，通过广场的尺度对比以及构筑物等体现空间等级。

措施 3：在同一大型城市广场中，可以通过轴线控制、雕塑或植物绿化、空间形状等划分广场内部的空间等级。

图6.3–14　基面形态明确、完整的广场容易产生较强的方向性

图6.3–15　高等级与低等级的不同城市广场类型对比

2）空间序列措施：

措施 1：对于大型的主题性城市广场，应具有清晰的空间序列组织和协调各子空间的关系，形成具有优美节奏的广场动态空间序列效果。

措施 2：针对街头广场和街道广场小型空间节点，应发挥街道线性连接的作用，形成一系列丰富的空间序列节点空间。

（3）可达性

1）行为渗透性与视觉渗透优化措施：

措施 1：广场位置应邻近城市中心区或居住区，确保使用者的方便到达（图 6.3–16）。

措施 2：提高广场内部的可达性与使用的顺畅性，如果没有特定用途，应考虑不同年龄阶层和残障人群的使用，减少台阶和地面高差变化或增设坡道等。

措施 3：建议广场设置穿行路径和停留区域，区分不同的使用类型。

措施 4：广场主要行进路径应与广场自身的标志性视觉方向一致（图 6.3–17），以促进广场被直接到达和人气的增加。

图6.3–16　具有视觉标志性入口的广场可以有效吸引人流的进入

图6.3–17　广场上视觉渗透性和行为渗透性一致的路径

2）开口位置控制措施：

措施 1：在广场四周应根据人流方向设置多个入口，使得使用者能够方便地进入广场。

措施 2：合理处理城市广场入口与交通之间的关系，建议对交通影响较大的广场周边进行交通限制或者进行改造，减少车行与广场入口的不利影响。

（4）构成与界定

空间界定措施：

措施 1：可以通过空间界定方式的多样化，塑造不同围合程度的广场空间（图 6.3–18），例如通过建筑外墙围合的边界，封闭性会较强；四边由角柱定义的边界，广场则较为开放。

措施 2：对于大型主题意象的城市广场，可以根据空间氛围需要，选择无边界开敞展示或内向封闭的形式，对广场空间效果进行控制，如作为城市入口的广场空间可以以开放的形态彰显城市开放与包容的性格。

措施 3：结合泉州的自然山体、绿地和水体等对广场进行界定，丰富广场空间界面形态的同时可以创造宜人的广场氛围，避免过多生硬的硬质界面。

措施 4：利用城市广场中地面铺地的材料和图案，界定空间范围（图 6.3–19），从而产生城市空间的场所感和归属感。

图6.3–18　围合感较强的广场

图6.3–19　通过铺地图案界定空间的特性

（5）尺度与比例

1）地方气候适应性应对措施：

措施 1：广场微观的尺寸和比例应适应泉州气候特征（图 6.3–20），大型空旷的城市广场对泉州气候具有明显的不适应性，建议在中心区增设多个小型或袖珍城市广场，提高人们日常生活与城市广场的紧密性。

措施 2：对于休闲生活性小型广场可选择由建筑围合，可以提供荫蔽的空间效果，对于无建筑围合的暴晒性广场，应考虑适当增加广场的植物数量，进行微气候调节。

措施 3：在广场上应种植适量的大型具有遮阳效果的树种，提供一定面积的阴蔽空间，对空间进行温度和日照调节。

措施 4：结合城市河道在广场上设置适当的水面或设计滨水广场，从而达到一定的广场通风效果。

图6.3–20 比例适宜、围合感强的城市广场

2）空间尺度优化措施：

措施 1：对于现有尺度过大的广场，可通过空间层次的划分、增加广场景观小品等措施，塑造人性的公共交流尺度。

措施 2：应当建设合理的面积和边长的广场。例如广场边长超过 100m 时，人对于边围感知变弱。面积超过 $1hm^2$ 的广场亲切感变弱，超过 $2hm^2$ 的广场显得过于宏大（《城市广场》根据人的感知经验对于广场适宜尺寸的建议）。

3）空间比例优化措施：

措施 1：控制广场的空间比例，塑造较好的围合感，所有的比值都不宜超过 1 ∶ 3。建议立面高度与底面宽度的高宽比为 1 ∶ 2 和 1 ∶ 2.5（《城市广场》根据人的感知经验对于广场适宜比例的建议）。

措施 2：可通过广场当中的树列、灯廊、雕塑小品等设施对广场空间比例进行调节控制，从而形成良好的空间效果。

（6）环境设施

1）绿化环境提升措施：

措施 1：提高大型城市广场空间植物的视觉景观效果。

措施 2：延续泉州传统公共空间特色，广场中增加适量的大型传统具有遮阳效果的树木，例如榕树、刺桐等（图 6.3–21）。

措施 3：建议选择一些具有四季观赏价值的植物进行设计种植，丰富广场的空间设计效果。

措施 4：结合现有地形创造广场的微地形形态，增加广场的趣味性，或结合可上人绿地，增加广场的自然生态环境效果，或通过河流、水面、喷泉等增加广场与水的灵动关系（图 6.3–22）。

2）城市家具提升措施：

措施 1：完善城市广场的公共设施，从而满足广场的公共生活需求（图 6.3–23），例如完善垃圾桶、卫生间、咖啡或茶座、售货亭等家具设施，此外合理安排休息座椅的位置和朝向也非常重要。

措施 2：增加互动性和趣味性设施，吸引人们在广场停留和休憩（图 6.3–24），例如广场上的落水、间歇喷泉等水景可以吸引人们停留。

措施 3：广场家具应考虑具有与广场相适应的尺寸和比例；广场家具的位置布置与广场的空间布局应取得相一致的效果。例如轴向性的广场家具，其布置形式应强调轴线方向，可采用线性布置等。

措施 4：加强广场家具使用价值与美观的统一。

3. 空间意象——塑造体现城市历史文化和地方特色的城市广场

（1）焦点引导措施

措施 1：通过特殊建筑体量形式、建筑地标点、大型雕塑等在主题广场中形成空间焦点，控制整个广场或周边区域，如泉州与广场结合的庙宇建筑、牌坊等。

措施 2：城市和社区小型广场中设置雕塑、喷泉、艺术设施等构成局部的视觉焦点。

措施 3：大型城市广场中，通过丰富的植物景观形成线状或面状的视觉焦点。

图6.3-21　通过绿地、大型遮阳效果的树木、城市水体等元素的设计，丰富城市广场的绿化效果和空间氛围

图6.3-22　通过标志性建筑、雕塑、景观小品等的设计，形成广场及其周边区域的视觉焦点

图6.3-23　家具功能与景观结合较好的广场家具

图6.3-24　广场上互动性较强的家具

（2）界面风格引导措施

措施1：加强广场的边界风格与广场性质的协调性，例如市政广场的边界风格具有正式、严肃的特征，休闲广场的边界风格往往趋于多样化、随意性。

措施2：可以通过同类界面、立面装饰物、地面铺装、特殊色彩等要素的连续重复使用等方式强化某种风格（图6.3-25），使整个广场统一于一体。

措施3：通过广场空间与边界建筑物之间的沟通和对话设计，促进室内外空间界面的风格一致。

（3）空间氛围引导措施（图6.3-26）

措施1：通过广场的空间布局形式和建筑界面风格烘托空间氛围。

措施2：通过广场周边的建筑性质来创造空间氛围，如商业建筑为核心的广场具有典型的商业氛围，宗教建筑为核心的广场具有特殊的文化氛围等。

图6.3-25　通过不同空间界定元素和类型的使用，形成与广场主题相适应的空间界面风格

图6.3-26　通过不同的空间界面、环境设施、广场家具、城市小品等营造不同氛围的城市广场

措施 3：通过广场的植物塑造空间氛围，例如松柏体现肃穆的氛围，花卉及彩叶植物更能烘托热闹的环境气氛，草地能营造休闲舒适的空间氛围。

措施 4：通过鼓励组织广场活动来创造氛围，如定期举行临时集市、灯会或在节假日举行相关庆典等活动，形成广场可变的多样的空间氛围。

6.3.4 公共空间建设的鼓励措施

1. 用停车场的创收来支付开放公园的发展费用

其中一个获得、开发和维持公共开放空间费用的办法就是让机动车和行人同时使用公园空间。公园停车场的创收以及一些商业租金不仅偿付了停车场自身的建设及运作费用，也为公园的维护和发展提供了资金。

2. 鼓励把水道改造为公共开放空间

最有吸引力的获取公共开放空间的方法是把水道变成人们易于接近的场所。在城市一些荒废的地区，公园项目既可以创造新的生活，同时也可以创造营收以支付公园运作及其发展的费用，开发商通过对水道公共空间的营造，提升了居住区的品质，增加了地产收入。

3. 商业改良步行街

采用一种公平的投资办法，鼓励业主支付更多的房地产税用来支持商业改良区，用于发展步行商业街，维护和管理新建的公共开放空间，使得城区的商家可以和郊区的购物中心竞争。

4. 设置奖励机制，鼓励建设私人土地上的公共开放空间

（1）在发达地区，发展公共开放空间最为节约的办法是让业主建造、管理并维护这些开放空间。同时政府要给予业主补偿。在一些高密度的商业或居住区，开发商可以获得额外的楼层来置换任何增加到公共领域的人行道和广场空间。

（2）在郊区，鼓励郊区开放空间的措施是“规划单元开发”（Planning Unit Development，PUD）的方法，即如果开发者以一种保护自然景观并能够提供公共开放空间的模式来布局房屋建筑的话，他们会得到批准建造多于正常许可数量的房子。

（3）容积率奖励办法

建设用地范围内建设了开放空间的建设工程，在满足城市规划管理规定的各项经济技术指标要求，符合消防、卫生、交通等有关规定和本章有关规定的前提下，可按规定补偿一定的建筑面积。

规定建设单位或个人公益性广场、绿地的容积率奖励条款。

居住小区建筑架空层用作停车、绿化、休闲等公共用途，其建筑面积可不计入建筑容积率。

管理与设计

——城市公共空间的规划管理与设计导则

7.1 城市公共空间设计原则

7.1.1 对自然气候的适应性原则

对比中西方和国内南北地区，自然气候是本次课题研究中所确定的对公共空间影响最为突出的要素之一。其对公共空间宏观和微观局面，以及城市公共生活都有着重要的难以改变的影响，在城市设计和规划管理过程中，只能采取对其适应性的原则，通过对物质空间合理的管控手段发挥气候特征的优势，同时降低气候对公共生活的负面影响。

7.1.2 对自然地貌等生态特征的保护性原则

城市的自然山水等生态特征，是城市最为重要的保护性因素。在城市公共空间的塑造上，宏观和微观层面都必须尊重保护并彰显城市的自然特征。公共空间的开敞性本身就可以与自然地貌进行有机结合，使城市当中的自然山水在发挥生态功能的同时，承载更为丰富的城市公共生活，发挥更大的功效。

7.1.3 “以人为本”，引导生活的设计原则

公共空间的塑造目的是创造舒适的交往空间，以促进城市当中人与人的交往，因此对于城市公共空间的规划设计，应充分考虑本地市民的广泛需求，针对当前城市主要的生活问题，给予空间上的解决之道。

7.1.4 对于传统文化、经典空间要素保护与继承原则

在城市新区的公共空间建设过程中，对于当地的传统文化和空间要素特征，需要以积极保护和综合考虑其延续性的态度予以重视。在城市空间设计上要充分考虑空间对城市生活、城市文化的引导性作用，并适当对传统空间要素特征有选择和创新的运用，以突出地方城市意象。

7.1.5 各空间影响要素统筹考虑，重点把握原则

在对本课题的研究过程中，我们确定了影响公共空间各个层面的广泛性因素。在公共空间规划设计的各个层面当中，需要对各重要因素进行综合分析考虑，并针

对不同地域进行主导性影响要素的选择、分析和管控。与此同时，对关键性影响因子的主导地位应予以突出。

7.2 城市公共空间控制要素

7.2.1 总体规划层面控制要素

1. 以规划影响要素为基础的前期分析

（1）核心自然分析要素

1）气候特征；

2）地形地貌等山水特征；

3）生态绿地、水体等敏感区；

4）重要自然景观廊道、景观点等对公共空间的影响。

（2）社会文化要素

1）城市战略定位及发展目标；

2）城市意象；

3）城市文化与民俗特征；

4）城市地方精神与价值观。

（3）城市综合交通分析要素

1）城市区域性交通流量；

2）城市道路等级系统；

3）城市公共交通。

2. 规划控制要素确定

（1）整体意象特征：功能性、开放性和政治含义等。

（2）公共空间整体景观层次。

（3）公共空间整体比例。

（4）公共空间分布及可达性。

（5）城市主体公共空间类型选择：

1）大型自然空间控制；

2）大型历史空间控制；

3）城市重要空间轴线（主次干道）；

4）城市重要视廊与通廊；

5）城市步行系统与步行街设置；

6）重要界面；

7）城市主要入口处及核心区公共空间的设置。

（6）主要公共空间周边土地使用性质。

7.2.2 控制规划层面控制要素

1. 以规划影响要素为基础的前期分析

（1）自然要素的确定

1）上一级规划所确定的自然影响因素；

2）控制规划区域的生态价值和地貌特征。

（2）社会文化要素的确定

1）上一级规划所确定的定位与意象要求；

2）控制规划区域内自身的定位与意象要求；

3）控制区内的民俗民风等生活影响要素。

（3）城市综合交通及发展方向确定

1）上级规划所确定的综合交通的相关要求；

2）控制规划区域内当前交通状况。

2. 规划控制要素确定

1）控制相应区域公共空间特征与意象确定；

2）控制相应区域城市公共开放空间各个层次的景观体系确定；

3）本区域公共空间与上一层面大型城市景观体系要素之间的关系；

4）控制相应区域城市不同等级道路的断面形式。

下述控制要素包含道路的相关控制要点在内：

1）公共空间具体类型、等级与城市功能确定；

2）公共空间界面建筑物使用性质；

3）城市公共空间的可达性、使用频率与停车状况；

4）公共空间与界面建筑物所形成的空间尺度关系；

5）公共空间界面建筑高度、形体特征及空间退让。

7.2.3 项目规划与设计的控制要素

1. 以规划影响要素为基础的前期分析

（1）自然要素的确定

1）上一级规划所确定的自然影响因素的相关要求；

2）设计地块的生态价值和山水微地形等地貌特征。

（2）社会文化要素的确定

1）上一级规划确定的功能意象定位；

2）设计地块内的相关社会、文化与生活基础及重要特征。

（3）城市综合交通及发展方向确定

1）上一级规划所确定的地块周边交通状况；

2）设计地块的交通可达性、人流方向、人流量等具体交通影响分析。

2. 规划控制要素确定

1）公共空间类型特征；

2）空间形态与构成；

3）空间等级序列；

4）空间尺度与比例；

5）公共空间自身可达性；

6）空间焦点；

7）空间界面；

8）环境设施；

9）公共空间氛围；

10）空间周边用地性质。

7.3 公共空间设计引导方法

7.3.1 总体规划层面设计引导方法

总体规划层面公共空间规划与设计方法见表 7.3–1。

总体规划层面公共空间规划与设计方法 表7.3–1

<table>
<tr><th colspan="2" rowspan="2">控制要素
工作层面</th><th colspan="3">公共空间规划与设计方法</th></tr>
<tr><th>自然要素确定</th><th>社会要素</th><th>综合交通系统</th></tr>
<tr><td rowspan="3">总体规划层面</td><td>影响要素分析要点</td><td>（1）自然气候特征确定：包括日照、风、雨等；
（2）自然地貌及生态特征确定：包括山、水、江、海、重要生态敏感区、保护区、生态廊道等</td><td>（1）城市定位；
（2）城市意象；
（3）城市历史文化传统；
（4）城市人的生活方式</td><td>（1）城市道路等级系统；
（2）城市公共交通体系；
（3）城市区域性交通流量</td></tr>
<tr><td>规划控制要点</td><td colspan="3">（1）整体意象特征：功能性、开放性和政治含义等；
（2）公共空间整体景观层次；
（3）公共空间整体比例；
（4）公共空间分布及可达性；
（5）城市主体公共空间类型选择；
（6）大型自然空间控制；
（7）大型历史空间控制；
（8）城市重要空间轴线（主次干道）；
（9）城市重要视廊与通廊；
（10）城市步行系统与步行街设置；
（11）重要界面；
（12）城市主要入口处及核心区公共空间的设置；
（13）主要公共空间周边土地使用性质</td></tr>
<tr><td>工作方法</td><td colspan="3">（1）确定自然气候对城市公共空间主要类型、特征的影响，提出气候对公共空间的适应性要求；
（2）确定自然地貌和生态特征对公共空间类型、分布、景观效果的影响，提出地貌生态对公共空间的适应性要求；
（3）确定城市整体定位和意象对公共空间主题类型、数量的基本要求，提出对城市公共空间意象性主体要求；
（4）确定城市历史传统和城市文化对公共空间提出的基本物质空间设计要求；
（5）确定城市人的生活方式以及民风民俗对公共空间提出基本物质空间设计的基本要求；
（6）确定城市道路体系的基本特征和重要相关问题；
（7）确定对公共空间在类型、分布、可达性等方面的基本要求；
（8）确定城市公共交通体系的现状和发展方向，对城市各区域交通流量状况做大致等级分析；
（9）综合各影响要素的深入分析，在总体规划层面确定城市公共空间基本体系和特征</td></tr>
</table>

续表

控制要素 / 工作层面		公共空间规划与设计方法		
		自然要素确定	社会要素	综合交通系统
总体规划层面	工作成果	（1）城市总体空间系统（包括以公共空间为基础的景观廊道、生态廊道等）的构建及宏观规划控制指导性意见； （2）以开放公共空间为基础的视线走廊系统及视域控制带的确定及宏观规划控制指导性意见； （3）公共空间类型及分布宏观规划控制指导性意见； （4）城市标志性公共空间的确定，并以其作为空间导向的区域性空间形态概念性设计，提出宏观规划控制指导性意见； （5）城市开敞空间、重要节点的确定及规划控制指导性意见； （6）城市大型公共建筑（人文景点）为基础的公共空间设置，城市入口、公共设施景观控制指导性意见； （7）城市重要道路、环山滨水道路景观控制指导性意见； （8）城市重要开敞空间周边建筑界面等的宏观规划控制指导性意见		
总体规划层面	评价标准	（1）是否准确把握自然、社会、交通三个层面的主要特征：自然生态要求准确把握，社会要素的总结归纳，综合交通的主体特征； （2）对影响要素相关的城市问题的分析总结是否恰当准确； （3）对于不可改变的影响要素是否采取积极的适应性对策规划设计； （4）公共空间各控制要点设计是否适应各主要影响要素的控制性要求； （5）公共空间整体设计过程是否科学合理，成果表达是否完备		

7.3.2 控制规划层面设计引导方法

控制规划层面公共空间规划与设计方法见表 7.3–2。

控制规划层面公共空间规划与设计方法　　表7.3–2

控制要素 / 工作层面		公共空间规划与设计方法		
		自然要素确定	社会要素	综合交通系统
控制规划层面	影响要素分析要点	（1）上一级规划所确定的自然影响因素； （2）控制规划区域的生态价值和地貌特征	（1）上一级规划所确定的定位与意象要求； （2）控制规划区域内自身的定位与意象要求； （3）控制区内的历史与文化特征影响要素； （4）控制区内使用者生活典型模式	（1）上一级规划所确定的综合交通的相关要求； （2）控制规划区域内当前交通状况，公共空间周边的交通规划与流量预测等
控制规划层面	规划控制要点	（1）控制规划相应区域公共空间特征与意象确定； （2）控制相应区域城市公共开放空间各个层次的景观体系确定； （3）本区域公共空间与上一层面大型城市景观体系要素之间的关系；		

续表

控制要素 工作层面		公共空间规划与设计方法		
		自然要素确定	社会要素	综合交通系统
控制规划层面	规划控制要点	（4）控制规划相应区域城市不同等级道路的断面形式 下述控制要素包含道路的相关控制要点在内： （1）公共空间具体类型、等级与城市功能确定； （2）公共空间界面建筑物使用性质； （3）城市公共空间的可达性、使用频率与停车状况； （4）公共空间与界面建筑物所形成的空间尺度关系； （5）公共空间界面建筑高度、形体特征及空间退让		
	工作方法	（1）根据总体规划所确定的自然、社会、交通三个层面的主体要求，在控制规划层面做深入分析，并在深度层次上针对控制规划区域提出适应性调整意见和相关说明； （2）确定控制规划区内自然气候特征、地貌生态特征对公共空间类型、分布、景观效果的影响，提出自然要素对控制规划区域内公共空间的适应性要求； （3）确定规划区域内各公共空间主题类型、数量的基本要求，提出对城市公共空间意象性控制性要求； （4）确定规划区域内历史传统和城市文化对公共空间提出的基本物质要求； （5）确定规划区域内特殊的生活方式以及民风民俗对公共空间提出的基本要求； （6）确定规划区域内城市道路体系的基本特征及其和整体交通的衔接状况，确定规划区内道路空间形态的基本要求； （7）确定规划区域内公共交通体系的现状和发展方向，对城市各区域交通流量状况做大致等级分析以及人行空间设计要求； （8）确定规划区域内各个公共空间的类型、分布、可达性等方面的基本要求； （9）综合各影响要素和相关控制要点的深入分析，综合确定公共空间的体系和各类具体公共空间的控制性要求，并完成各类公共空间的控制性设计		
	工作成果	（1）城市开敞空间规模、形态及重要节点景观控制带的具体落实； （2）城市公共开敞空间周边建筑高度控制及建筑形体界面具体要素的引导落实； （3）重要街道沿街两侧（道路临街面）建筑退让、建筑高度（地块建筑物地坪标高 ±0.000）控制； （4）城市重要街道沿街两侧（道路临街面）建筑形体具体要素的引导落实； （5）标志性公共空间及相关标志性建筑主题定位和具体位置的确定； （6）城市大型公共建筑（人文景点）附属公共空间的设置、桥梁、高架桥等大型市政设施相关公共空间景观控制具体要素的引导落实； （7）城市重要道路、环山滨水道路等公共空间景观控制具体要素的引导落实； （8）具有鸟瞰条件区域公共空间尺度、格局、形态与周边环境的协调性及空间顶界面造型控制的引导落实		
	评价标准	（1）是否准确把握上一级规划所确定的核心成果，对规划区域内的自然、社会、交通三个层面的主要特征是否进行深入的调研分析； （2）对影响要素相关的城市问题的分析总结是否恰当准确； （3）对于不可改变的影响要素是否采取积极的适应性对策规划设计； （4）公共空间各控制要点设计是否适应各主要影响要素的控制性要求； （5）公共空间整体设计过程是否科学合理，规划设计内容是否与上一级规划核心内容相一致，成果表达是否完备		

7.3.3 具体建设项目设计引导方法

具体建设项目公共空间规划与设计方法见表 7.3–3。

具体建设项目公共空间规划与设计方法 表7.3–3

<table>
<tr><td colspan="2">控制要素
工作层面</td><td colspan="3">公共空间规划与设计方法</td></tr>
<tr><td colspan="2"></td><td>自然要素确定</td><td>社会要素</td><td>综合交通系统</td></tr>
<tr><td rowspan="4">具体建设项目</td><td>影响要素分析要点</td><td>（1）上一级规划所确定的自然影响因素；
（2）控制规划区域的生态价值和地貌特征</td><td>（1）上一级规划所确定的定位与意象要求；
（2）城市定位与意象的确定；
（3）控制规划区域功能意象定位</td><td>（1）上一级规划所确定的综合交通的相关要求；
（2）城市综合交通及发展方向确定；
（3）控制规划区域内公共交通状况</td></tr>
<tr><td>规划控制要点</td><td colspan="3">（1）公共空间类型特征；（2）空间形态与构成；
（3）空间等级序列；（4）空间尺度与比例；
（5）公共空间自身可达性；（6）空间焦点；
（7）空间界面；（8）环境设施；
（9）公共空间氛围；（10）空间周边用地性质</td></tr>
<tr><td>工作方法</td><td colspan="3">（1）根据总体规划和控制性规划所确定的自然、社会、交通三个层面的主体要求，针对具体建设空间在空间类型和等级定位等进行定性分析和要求；
（2）确定规划设计基地内的生态、微地形、地块标高等自然地貌要素，进行可建设性分析，确定顺应地形特征的公共空间建设意象；
（3）综合分析预测设计空间的人流量需求和可达性，对空间尺度规模、入口方向、景观标志等进行相关确定；
（4）分析确定设计基地对于历史传统和城市文化的承载性要求，并对空间设计进行基本的格局、形式、构成等的确定设计；
（5）分析确定设计基地和周边人们的生活方式以及民风民俗等，对公共空间的基本设施和特殊性要求进行确定；
（6）确定设计空间周边用地性质和建筑界面，并对空间基本氛围进行相关确定；
（7）综合各影响要素和相关控制要点的深入分析，最终确定公共空间的具体形态和环境设施设计及对周边空间的控制性要求</td></tr>
<tr><td>工作成果</td><td colspan="3">（1）以上一级规划为背景，基于公共空间各影响要素的综合分析及相关图纸和说明意见；
（2）公共空间周边用地性质、建筑界面、建筑退后红线以及公共空间自身设计总体平面布局图和相关三维效果图；
（3）对于街道空间（交通景观界面），应包含街道各个不同空间断面的道路断面设计图、道路人行道的设施布置及相关说明，以人行道为主体的景观效果图，对轴线性道路应包括反映道路景观关系的整体鸟瞰效果图；
（4）对于城市广场，应包括广场的主题、承载活动类型、文化特征、空间意象氛围等相关分析说明，具体详细功能分区设计，空间等级序列动态空间分析设计，景观家具设计和说明以及重要空间节点用以评价的鸟瞰图；</td></tr>
</table>

续表

控制要素 工作层面		公共空间规划与设计方法		
		自然要素确定	社会要素	综合交通系统
具体建设项目	工作成果	（5）对于城市公园，应包括城市公园的功能、用途、服务范围、交通流量、可达性和对象以及主题定位等相关分析和说明，城市公园重要公共空间节点、公共服务设施集中点、重要景观点等分布规划设计分析图及效果图； （6）对于大型公共建筑附属空间，公共建筑附属空间类型分析确定（如广场、院落、公园绿地等形式选择），景观与功能分区规划设计，交通流量、出入口位置、公共空间特征意象等分析确定，公共环境设施类型分布规划设计以及整体和各重要节点用以评价的典型效果图； （7）（结合泉州现有丰富的滨水空间数量，将设计滨水效果的公共空间成果需单独要求）对于滨水空间，应包括对滨水生态价值、景观价值、人文价值的综合分析定位和相关图纸说明，对于滨水空间的景观性规划设计、与之相结合的可达性和步行系统设计图，滨水环境设施及重要公共活动和景观节点的分布与设计图，整体滨水意象效果图和用以评价的各重要节点的效果图； （8）以上要求空间评价效果图，尤其是与城市大型景观廊道和界面效果图的视点及视域面均应在建设项目规划设计总平面图上予以表达		
	评价标准	（1）是否准确把握上一级规划所确定的核心成果和控制性要求，对规划建设项目基地及周边自然、社会、交通三个层面的主要特征是否进行深入的调研分析； （2）对影响要素相关的城市问题的分析总结是否恰当准确； （3）对于不可改变的影响要素是否采取积极的适应性对策规划设计； （4）公共空间各控制要点设计是否适应各主要影响要素的控制性要求； （5）公共空间整体设计过程是否科学合理，规划设计内容是否与上一级规划核心内容相一致，成果表达是否完备		

7.4 城市公共空间设计导则

7.4.1 城市道路控制设计导则

设计原则——以人文本，关注人的尺度。

1. 道路断面设计原则

针对泉州城市公共生活的街道空间，分析街道空间中可能发生的各种行为活动对于尺度的要求。由于人的公共交往活动主要集中在道路两侧的空间，综合考虑人的活动类型（通行、交谈、休憩、小型商业活动等），重点分析这些活动的尺度需求。

通过分析，我们把路侧带分为 P（人行道）、B（自行车道）、G（绿化带）、F（设施带）（表 7.4-1），根据不同的道路类型和活动需求（图 7.4-1、图 7.4-2），提出具有人性尺度和丰富活动的路侧断面形式及适宜的宽度。通过对路侧带一系列的拆分、重组，构成具有泉州城市特色的宜人的街道公共空间。

P（Pavement） 人行道　　B （Bicycle Path） 自行车道

G（Green Belt） 绿化带　　F （Facility） 设施带

不同设施独立设置时占用宽度　　表7.4-1

项目	宽度（m）	项目	宽度（m）
行人护栏	0.25～0.5	长凳、座椅	1.0～2.0
灯柱	1.0～1.5	行道树	1.2～1.5
邮箱、垃圾箱	0.6～1.0		

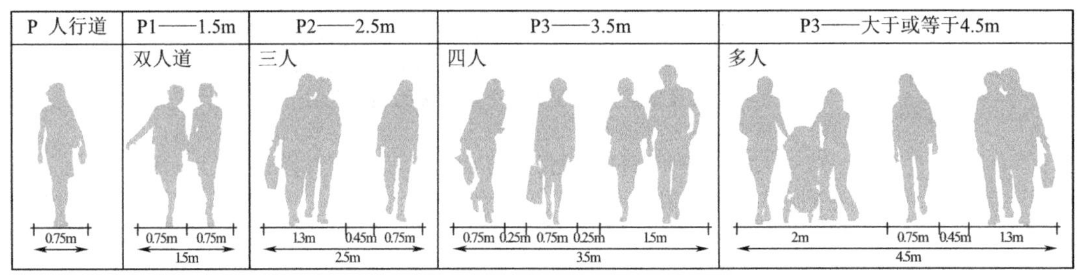

图7.4-1　人性化尺度的空间需求分析

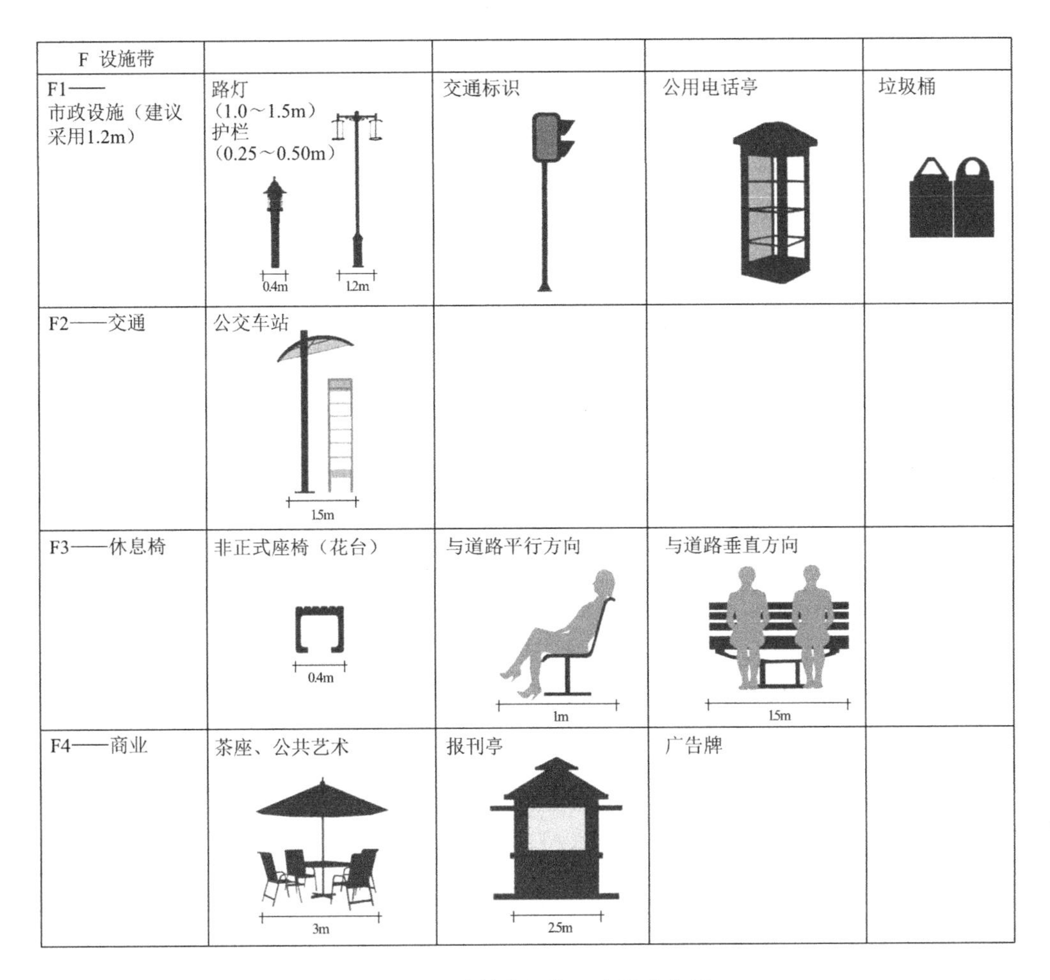

F 设施带				
F1——市政设施（建议采用1.2m）	路灯（1.0～1.5m）护栏（0.25～0.50m） 0.4m　1.2m	交通标识	公用电话亭	垃圾桶
F2——交通	公交车站 1.5m			
F3——休息椅	非正式座椅（花台） 0.4m	与道路平行方向 1m	与道路垂直方向 1.5m	
F4——商业	茶座、公共艺术 3m	报刊亭 2.5m	广告牌	

图7.4-2　人性化设施尺度需求分析

2. 街道数据的控制与基本流程确定

（1）相关控制参量（图 7.4-3）

1）*H*——临街建筑高度；

2）*D*——城市道路宽度；

3）*D*/（*D*+2*C*1）——道路空间比例；

4）*C*——街头空间：

*C*1——建筑退道路红线距离；

*C*2——人行道宽度。

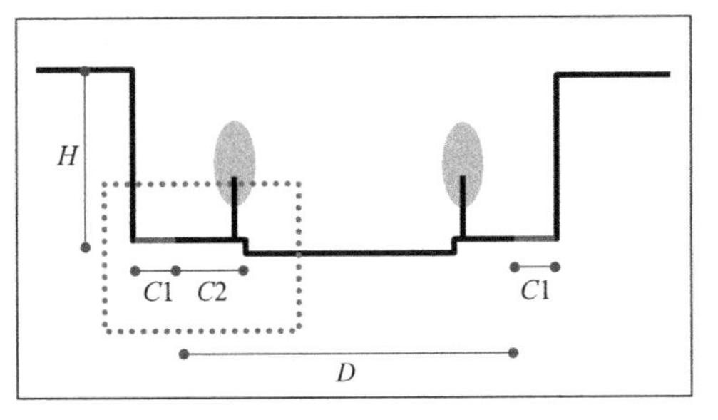

图7.4-3　街道控制参量图例

（2）按照前期理论研究体系确定的主要影响要素分别为：

1）自然气候影响要素；

2）社会影响要素；

3）交通影响要素；

4）空间感受要素。

（3）针对自然气候提出的推荐要求

滨水道路：

1）1～5m 城市河流　　　　　　$C>10m$；

2）6～10m 城市河流　　　　　$C>15m$；

3）>10m 城市河流　　　　　　$C>20m$；

4）大型城市边界河流应考虑生态预留空间。

滨山道路：　　　　　　　　　$C>10m$

1）控制在 10m 以上的绿化生活空间，塑造与山体相适应的绿色空间；

2）对于道路遮阴空间的建议性要求（H——临街建筑高度）：

东西向道路：$C<H/3$　（14:00 以后具有较高的阴影覆盖率）；

南北向道路：$C<H/11$　（15:30 以后具有较高的阴影覆盖率，但此原则仅适用于考虑高层建筑的阴影，具有较大的局限性，对于南北向道路建议以行道树的设计引导实现遮阴的目的）。

道路的遮阴效果和城市行道树的种植有着重要的联系，建议建筑遮阴不足的区域，种植冠幅适宜的行道树。

（4）针对社会影响要素

从公共生活角度的人行道宽度确定

$$C=C1+C2=P+(B)+G+F$$

1）人行道宽度最小值的确定 $C>4m$

P 人行道的确定：

有效宽度在 1.8m 以下的人行道会妨碍人们的正常使用，有效宽度小于 1m 的人行道，大多数行人不会使用。

逆向行人的影响：人行道至少满足两个行人带的宽度，最小净宽值为 1.5m。

G 绿化带的确定：

单排行道树种植的最小宽度为 1.5m。

F 设施带的确定：

各种功能设施的宽度：考虑各种功能设施占用人行道宽度的最大值为 1.2m。

公交停靠站的影响：整个路段上公交停靠站对人行道占用宽度最小值为 1.5m。

综合公交站和功能设施带，推荐设施带最小值为 2.5m。

故确定人行道宽度：满足行人通过宽度至少保证 1.5m，设施带最小值为 2.5m，那么人行道宽度至少保证 4.0m。

2 ）针对城市社会要素提出的控制性要求

根据不同功能的道路，通过生活场景的模拟，分析街道空间的活动形式和最小尺度，从而确定人行道的合适宽度值。

景观性道路：

原则——景观为公共生活所用，增加景观空间的使用效率。

舒适度较高的景观道路：$C > 8$m。

品质较高的景观带道路：$C > 10$m。

商业性道路：

与交通并行的商业道路：$C > 8$m。

单纯的步行商业街：$C > 15$m。

在步行街的设计中，鼓励传统商业骑楼建筑的设置，在具有 1.5m 以上进深骑楼设置的情况下，商业街单侧 C 的控制可下调 2.5m。

生活性道路：$C > 4$m。

交通性道路：$C > 10$m。

景观性道路

休憩型的景观性道路： $C > 8\text{m}$。

景观性道路是城市形象和环境景观的重要体现，是城市高品质绿化街道，承载着一定的城市休闲活动。

对于 *C* 值的确定（图 7.4–4）：

P——作为休闲游览活动空间，应包括停留和通行不相干扰，应保证三人以上的通行尺度，故至少应为 2.5m，具体尺度应根据临街建筑类型等因素进行调整。

G+F——

公交停靠站的影响：整个路段上公交停靠站对人行道占用宽度的最小值为 1.5m。

各种功能设施的宽度：考虑各种功能设施占用人行道宽度的最大值为 1.2m。

对街道绿化品质要求较高、城市街头生活丰富的道路应设置双排行道树，形成良好的步行林荫道效果，尺度需求为 5m。

故确定人行道宽度：满足行人通过宽度至少保证 2.5m，设施带和绿化带综合占用 5.5m，那么人行道宽度至少保证 8.0m，在人行流量较大的街道还应相应增加宽度。

建议 *C*1+*C*2 街头空间尺度控制在 8m 以上。

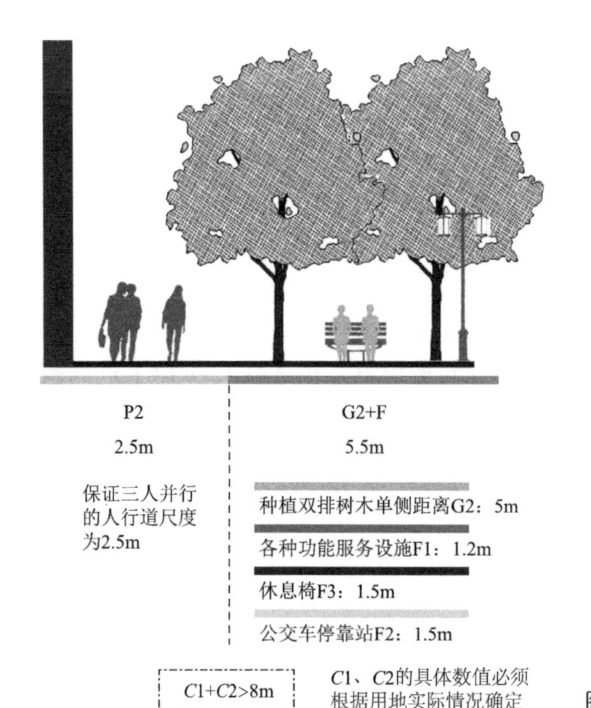

图7.4–4　景观性街道控制参量类型（一）

景观性道路

与交通并行的景观性道路：$C > 10$m

道路两侧或单侧景观带的设置，公共活动与景观带的结合更好，可达性增高，应该加强道路单侧空间的可停留空间。高绿地率的街道也为城市活动提供舒适的环境。

对于 C 值的确定（图 7.4–5）：

P——设置两条人行道，停留和通行互不干扰，邻近建筑物的人行道以停留功能为主，至少应保证四人以上的通行尺度，故至少应为 3.5m，邻近街道的人行道以通行功能为主，具体尺度结合街道绿化和景观带确定。

G+F——

公交停靠站的影响：整个路段上公交停靠站对人行道占用宽度的最小值为 1.5m。

各种功能设施的宽度：考虑各种功能设施占用人行道宽度的最大值为 1.2m。

对于道路单侧行道树最小距离为 1.5m，景观带的尺度为 2 ～ 10m，综合沿路方向座椅的设置为 1m，以通行为主的人行道宽度为 1.5m，综合考虑应至少保证 6.5m 的空间。

故确定人行道宽度：满足一般行人流量宽度至少保证 3.5m，设施带和绿化带综合占用 6.5m，那么人行道宽度至少保证 10.0m，在人行流量较大的街道还应相应增加宽度。

建议 $C1+C2$ 街头空间尺度控制在 10m 以上。

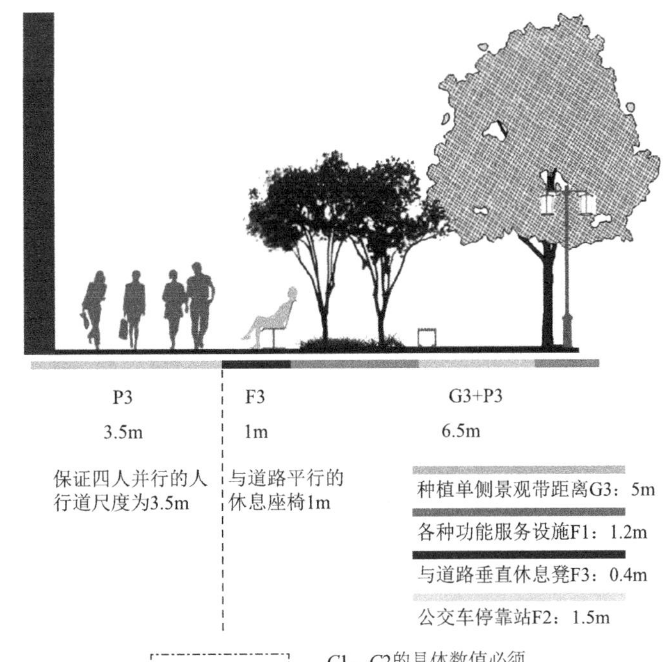

图7.4–5 景观性街道控制参量类型（二）

商业性道路

与交通并行的商业道路：$C > 8$m

对与交通并行的商业街道，应尽量避免城市交通对道路两侧城市生活的干扰，同时注重商业活动与公共活动空间的塑造。

对于 C 的确定（图 7.4–6）：

P——作为商业活动空间，应包括停留和通行不相干扰，至少应保证四人的通行尺度，故至少应为 3.5m，具体尺度应根据商业规模等因素进行调整。

G+F——

公交停靠站的影响：整个路段上公交停靠站对人行道占用宽度的最小值为 1.5m。

各种功能设施的宽度：考虑各种功能设施占用人行道宽度的最大值为 1.2m。对于交通影响较大的商业街道，应设置人行天桥和护栏，保障交通的顺畅。

种植单排行道树的最小宽度为 1.5m，城市街头生活丰富的道路可考虑设置双排行道树，形成良好的步行林荫道效果，尺度需求为 5m，但在此不作强制性要求。

针对商业性街道，应设置临街小型商业活动和休憩茶座，需要保留 3m 的空间。

故确定人行道宽度：满足行人通过宽度至少保证 2.5m，商业活动应提供 3m 的宽度，绿化带加设施带最小宽度为 1.5m，那么人行道宽度至少保证 8.0m，结合商业街规模和类型应相应提升和调整。

建议 $C1+C2$ 街头空间尺度控制在 8m 以上。

此外，出于道路阴影效果等其他因素的考虑，在道路两侧的尺度控制可适当有所差别。

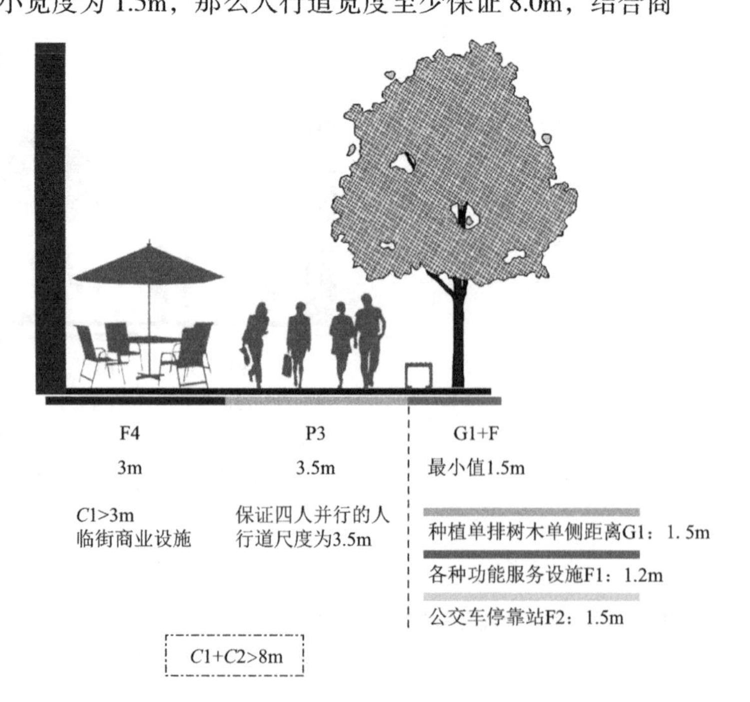

图7.4–6　商业性街道控制参量类型（一）

商业性道路

步行商业街：$C>15\text{m}$

针对步行商业街人流量较大、公共活动频率较高的特点，设置林荫道以供行人休息，并在中间绿化带设置公共艺术性强的街道家具。

对于 C 值的确定（图 7.4-7）：

P——人流量较大，应保证两侧至少四人并行通过距离 3.5m。

G+F——

针对商业性街道，应设置临街小型商业活动和休憩茶座，需要保留 3m 的空间。

对于城市活动比较丰富的区域，结合泉州的气候条件，公共空间应提供适量的荫蔽区域，采用双排行道树作为行人休憩的场所，需要保留 5m 的距离。

在步行街的设计中，鼓励传统商业骑楼建筑的设置，在具有 1.5m 以上进深骑楼设置的情况下，商业街单侧 C 的控制可下调 2.5m。

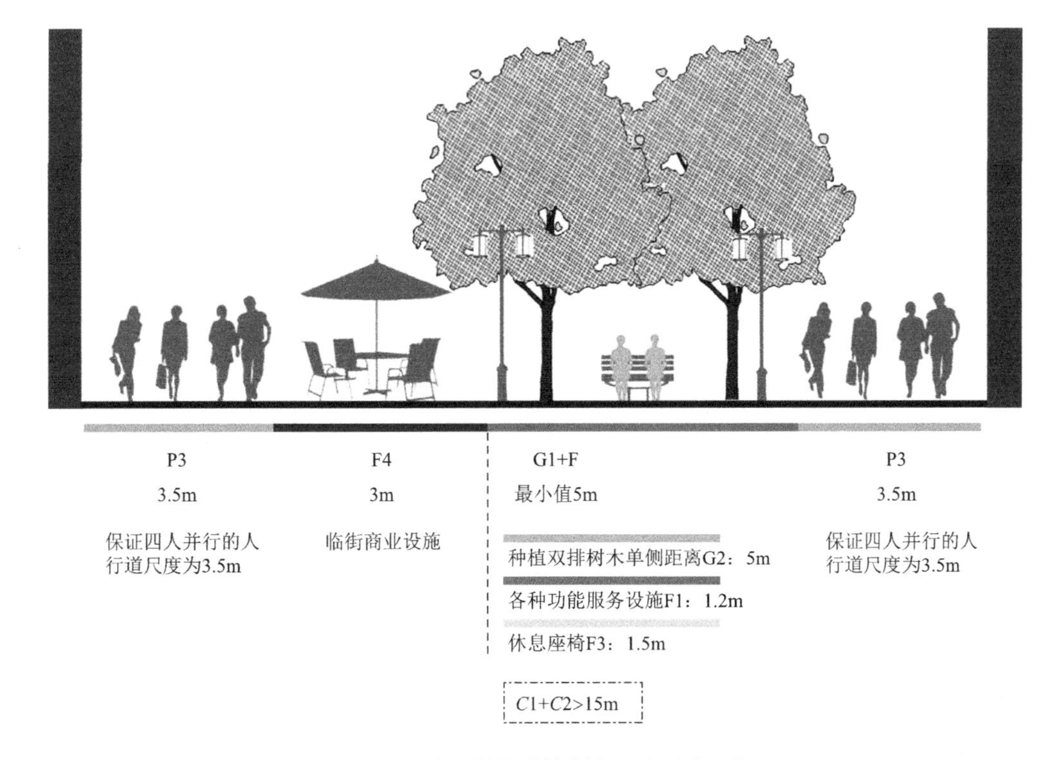

图7.4-7 商业性街道控制参量类型（二）

生活性道路：$C2 > 4\text{m}$

针对生活性干道，主要承载都市街头生活，需要舒适、宜人的空间尺度与氛围，对整体空间品质要求较高。

因此对于 C 的确定（图 7.4–8）：

P——作为公共交流生活与步行通过的混合空间，应至少保证三人并排通行的需求（包括两人站立谈话，一人顺利通过），尺度控制在 2.5m 以上。

G+F——

公交停靠站的影响：整个路段上公交停靠站对人行道占用宽度最小值为 1.5m。

人行道各种功能设施的宽度：考虑各种功能设施占用人行道宽度的最大值为 1.2m。

种植单排行道树的最小宽度为 1.5m，对于街头生活丰富的生活性道路可考虑设置双排行道树，形成良好的步行林阴道效果，尺度需求为 5m，但在此不作强制性要求。

故确定人行道宽度：满足行人通过宽度至少保证 2.5m，公交车站要占用 1.5m，那么人行道宽度至少保证 4.0m，结合其他小型街道休闲空间综合设施，应适当增加宽度。

此处 C 值应根据实际情况进行确定。

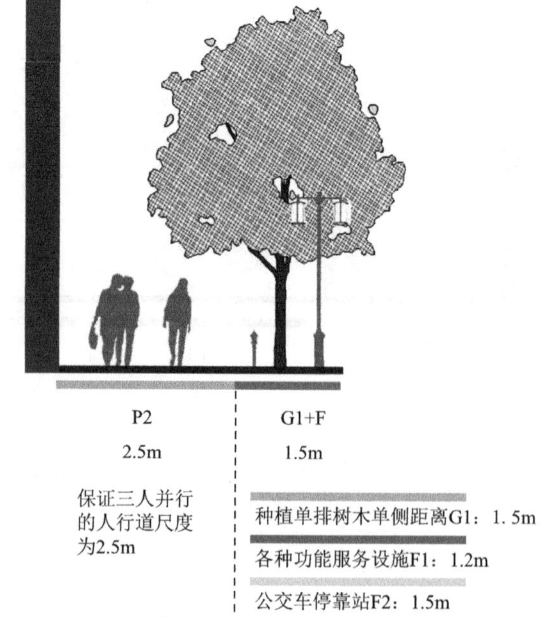

图7.4-8　生活性街道控制参量

交通性道路：$C > 10\mathrm{m}$

针对交通性干道，主要承载城市交通职能，同时应尽量避免城市交通对道路两侧城市生活的干扰。

因此对于 C 的确定（图 7.4–9）：

P——作为交通性考虑，人行空间保证双向逆行的需求，至少满足三人并行通行的宽度，最小净宽值要满足 2.5m。

G+F——

公交停靠站的影响：整个路段上公交停靠站对人行道占用宽度的最小值为 1.5m。

人行道各种功能设施的宽度：考虑各种功能设施占用人行道宽度的最大值为 1.2m。

应减小交通对于城市生活影响，设置绿化隔离带，最小宽度为 4m，种植单排行道树的最小宽度为 1.5m，同时设置自行车双道的宽度为 2.5m，综合以上功能适宜宽度为 7.5m。

故确定人行道宽度：满足行人通过宽度至少保证 2.5m，绿化带、自行车道和设施带的适宜宽度为 7.5m，那么人行道宽度至少保证 10.0m，结合其他设计要求，数值应相应提升和调整。

建议 $C1+C2$ 街头空间总尺度控制在 10m 以上。

图7.4–9 交通性街道控制参量

（5）针对城市道路的交通功能需求提出的控制性要求

高速公路两侧建筑退后距离：$C > 80$m

快速路两侧建筑退后距离：$C > 30$m

主干道两侧建筑退后距离：$C > 10$m

次干道两侧建筑退后距离：$C > 8$m

支路两侧建筑退后距离：$C > 3$m

（6）针对城市道路空间感受提出的建议性控制要求

建筑高度和街道宽度为 1∶2 空间比例具有良好的围合感，因此以 1∶2 作为基本的理想空间比例，1∶1 为舒适比例的下限值。根据道路界面建筑高度的不同情况，对城市道路 C 的控制提出相应的建议性要求（表 7.4–2）。

建筑退线控制要求 表7.4–2

非城市公共建筑	1∶2	1∶1
当 $10 > H > 0$m	$5 > C > 0$m	$3 > C > 0$m
当 $18 > H \geqslant 10$m	$9 > C > 5$m	$5 > C > 3$m
当 $30 > H \geqslant 18$m	$15 > C > 9$m	$7 > C > 5$m
当 $H \geqslant 30$m	$C > 15$m	$C > 7$m

在追求特别城市空间感受的特殊情况下，可根据不同的空间感受效果对 C 的尺度作特别的调整。

城市公共建筑：如歌剧院、体育馆、市政厅等公共性建筑，应根据建筑的体量和形式进行具体的设计与控制，但建议至少保证 $C > 35$m 的前庭空间。

（7）城市建筑退后道路的具体数据结果确定

$$C_{min}\ (C2.1,C2.2,C2.3,C2.4)\ \text{m} > C > C_{max}\ (C2.1,C2.2,C2.3,C2.4)\ \text{m}$$

道路下限为 $C2.1$ ～ $C2.3$ 或 $C2.1$ ～ $C2.4$ 综合下限中的最大值，道路上限为 $C2.1$ ～ $C2.3$ 或 $C2.1$ ～ $C2.4$ 综合上限的最小值（表 7.4–3）。对于城市公共建筑退后距离或其他特殊复杂的情况，可根据具体设计要求进行相应调整。

街道控制参量表 **表7.4-3**

控制因素			$C=C1+C2$（m）
1. 自然要素	滨水道路	1～5m城市河流	$C>10$
		6～10m城市河流	$C>15$
		>10m城市河流	$C>20$
	滨山道路		$C>10$
2. 社会要素	景观性道路	中央景观带	$15>C>8$
		路侧景观带	$30>C>10$
	商业性道路	交通并行的商业道路	$24>C>8$
		步行街	$30>C>1$
	生活性道路		$C2>4$
	交通性道路		$C>10$
3. 交通要素	高速公路		$C>80$
	快速路		$C>30$
	主干道		$C>10$
	次干道		$C>8$
	支路		$C2>3$
4. 空间感受要素	非公共建筑（建筑高度）	10m>H>0m	$5>C>0$
		18m>H≥10m	$9>C>5$
		30m>H≥18m	$15>C>9$
		H≥30	$C>15$
	公共建筑		$C>35$
在实际应用中，应通过四项综和分析得出$C_{min}>C>C_{max}$值，再根据实际情况采用合理的C值			

7.4.2 城市广场控制设计导则

1. 对于城市广场的控制

（1）相关控制参量（图 7.4-10）

1）*H*——广场边界建筑高度；

2）*D*——广场尺度；

3）*H*/*D*——广场空间比例；

4）*C*——广场子空间尺度。

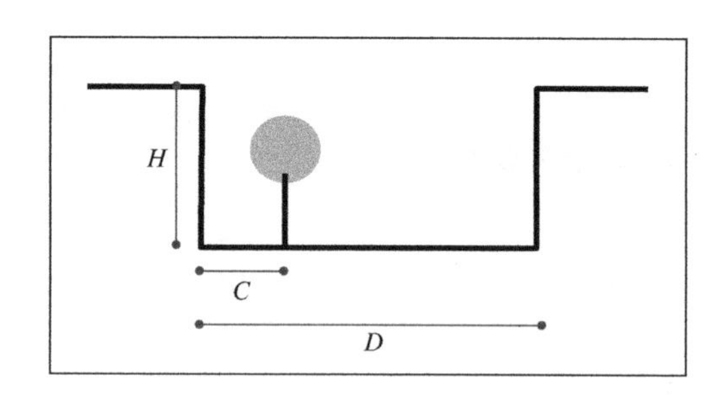

图7.4-10 广场控制参量图例

（2）控制要素参量指标与方法

1）*H*——广场边界建筑高度：

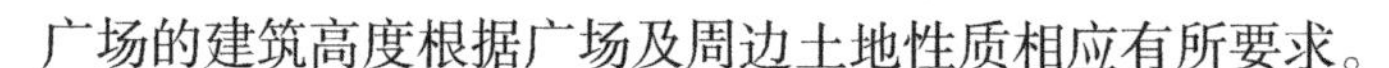

广场的建筑高度根据广场及周边土地性质相应有所要求。

2）*D*——广场基面尺度：

相关参考：一般而言，城市广场的面积由人均面积估算，“城市游憩广场用地的总面积，可按城市人口每人 0.13 ～ 0.4m^2 计算”“城市游憩集会广场不宜太大，市级广场每处宜为 4 万～ 10 万 m^2，区级广场每处宜为 1 万～ 3 万 m^2”。

出于对泉州地方气候的适应性考虑，从传统公共空间类型中抽取相应的适宜尺度参量，作为泉州城市广场尺度的参照。

对空间尺度的控制，参照欧洲和中国城市广场尺度，以及泉州现有广场尺度，综合进行确定。

3）*C*——子空间尺度：

可以根据具体使用特点进行确定。

大型主题广场往往过于空旷，建议在满足主要功用的同时，利用树木、景观、雕塑、构筑物等进行子空间的划分和塑造，其具体尺度可参照小型休闲广场的尺度进行设计。

私密或半私密性子空间尺度应根据具体景观设计进行调整和划分。

4）*D*——广场基面尺度案例参照：

对于不同类型的广场尺度确定，以综合对比的方式确定尺度范围。

2. 中国城市中心广场的尺度比较与分析

中国各城市中心广场的尺度具有极大的差异性，大到几十公顷，小到不足 1 公顷，整体在尺度上随机性大，缺乏合理的尺度范围。对于中国城市而言，形象展示性和仪式性城市广场众多，对其尺度的探究有待进一步研究和分析。

中国与欧洲城市广场尺度对比（表 7.4–4）：

（1）中国城市广场当中，10hm^2 以上的城市广场普遍存在，此外 1 ～ 4hm^2 的城市广场也较为常见。

（2）欧洲大型广场通常为 2 ～ 4hm^2，大多数城市广场尺度集中在 2hm^2 以下；最小的城市级广场仅 400m^2。

在对泉州城市广场尺度导则的制定过程中，鉴于泉州传统人性化空间尺度与欧洲具有一定的相似性，在此将参考现有中国与欧洲城市广场尺度的对比数据，同时结合泉州现有较为优秀的城市广场的尺度，确定相应的不同类型的城市广场尺度适宜范围，并作为泉州广场尺度规划管理的参考数据。

中国和欧洲城市广场尺度对比 表7.4–4

中国城市广场		欧洲城市广场	
广场名称	广场规模（hm^2）	广场名称	广场规模（hm^2）
1. 北京天安门广场	43	1. 拉托集市广场	0.04
2. 北京西单文化广场	4.4	2. 雅典集市广场	2.36
3. 上海人民广场	16.6	3. 普里安尼集市广场	0.42
4. 上海浦东新区世纪广场	7.23	4. 罗马集市广场	0.5
5. 上海浦东大拇指广场	0.57	5. 奥斯提亚集市广场	1.84
6. 上海静安寺广场	0.82	6. 庞贝集市广场	0.34
7. 上海南京路世纪广场	0.84	7. 德拉 · 奇斯泰纳广场	0.04
8. 长春文化广场	21.25	8. 锡耶纳坎波广场	1.2
9. 大连人民广场	12.59	9. 佛罗伦萨西格诺利亚广场	0.9
10. 大连星海广场	3.14	10. 吕贝克集市广场	0.9
11. 西安钟鼓楼广场	3.38	11. 皮亚察皮可罗米尼广场	0.07
12. 重庆人民广场	3.8	12. 威尼斯圣马可广场	1.7
13. 哈尔滨圣索菲亚教堂广场	1.14	13. 罗马市政广场	0.4

续表

中国城市广场		欧洲城市广场	
广场名称	广场规模（hm^2）	广场名称	广场规模（hm^2）
14. 深圳龙城广场	14.1	14. 罗马圣彼得广场	3.36
15. 江阴市政广场	8.5	15. 巴黎旺多姆广场	1.76
16. 济南泉城广场	26.07	16. 巴黎协和广场	1.42
17. 杭州江滨城市新中心广场系列	13.46	17. 南锡皇家广场	2.95
18. 南京汉中门广场	2.2	18. 巴黎德方斯中央广场	4
19. 德州市中心广场	4.8	19. 巴索斯卡塔卢尼亚广场	3.21
20. 青岛五四广场	10	20. 巴塞罗那克洛特广场	3.4
20 个广场平均面积 :9.9hm^2		20 个广场平均面积 :1.54hm^2	

3. 控制要素参量指标与方法

D——广场基面尺度（空间尺度）

大型主题广场基面尺度应以丰泽广场 20000m^2 作为极限（图 7.4-11），以文庙广场 10000m^2 作为下限（图 7.4-12），非特别需求，基本尺度应控制在：

$$D < 20000\text{m}^2$$

若对广场的功能有特殊要求，或具备合理必要的功能需求，上限可适当放宽，但不宜超过 40000m^2。

小型休闲广场尺度以泉州当前使用较好的文化宫休闲广场 3000m^2 作为下限参照（图 7.4-13），同时考虑绿地率和相关设施的设置要求，应控制在：

$$10000\text{m}^2 > D > 3000\text{m}^2$$

道路或居住区的小型广场尺度应根据具体设计进行相应控制，但结合欧洲最小的城市广场尺度，以 400m^2 作为下限：

$$3000\text{m}^2 > D > 400\text{m}^2$$

此外，其他空间节点型微型广场尺度应该根据设计需求灵活掌握，但尺度建议不超过 400m^2。

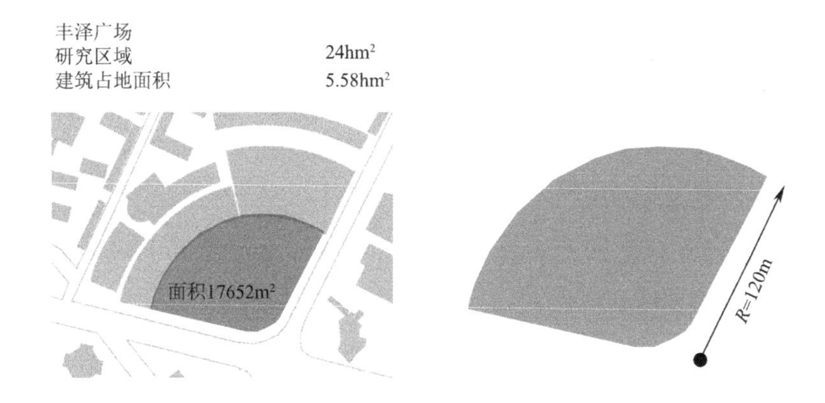

图7.4-11 丰泽广场尺度参照

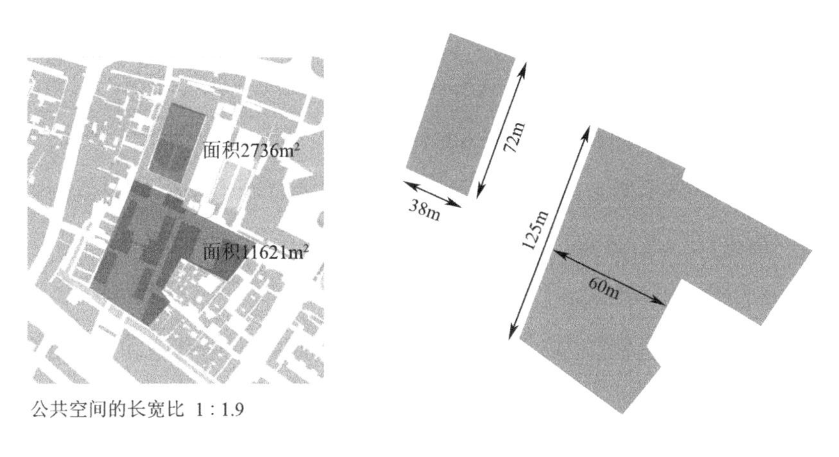

图7.4-12 文庙尺度参照

图7.4-13 文化宫休闲广场尺度参照

7.4.3 城市公园设计导则

1. 对于城市公园的控制

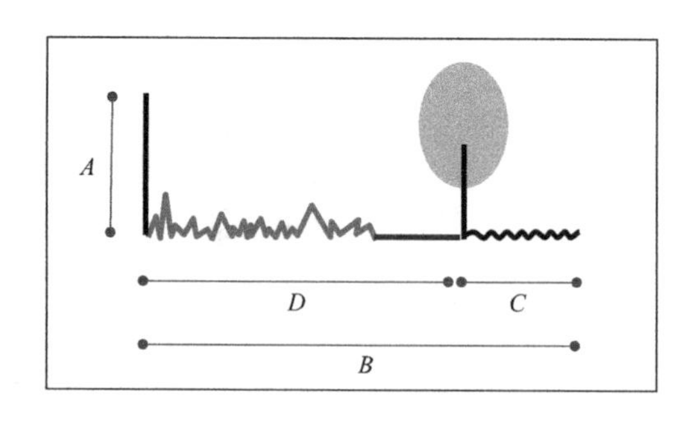

图7.4–14 公园控制参量图例

（1）相关控制参量（图 7.4–14）:

1）*A*——公园边界；

2）*B*——公园整体面积；

3）*C*——公园水体面积；

4）*D*——公园活动区域面积。

（2）控制要素参量指标与方法

1）*A*——公园边界：

尽可能开放，周边边界建筑形式和布置应与公园环境取得较好的景观效果。

2）*B*——公园整体面积（图 7.4–15）:

城市内部小型休闲型公园：3 ～ $5hm^2$（以泉州现有城市小型公园范围为参照）。

城市内部主题公园：$10hm^2$ 左右（以泉州东湖公园为参照）。

3）*C*——公园水体面积：

以城市天然水体面积作为参照，同时结合景观需求进行尺度和形状控制，但应以尊重和保护为前提。

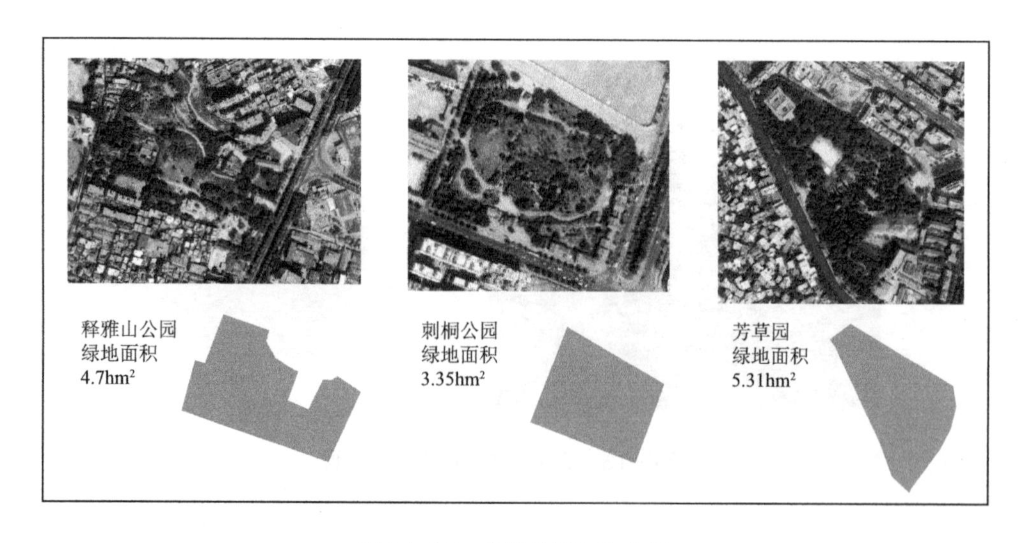

图7.4–15 泉州公园尺度参考

4）D——公园活动区域面积。

（3）小型城市休闲公园

公园水体面积建议以自然水体面积为基础进行设置，综合考虑生态自净能力，建议控制绿地与水体的比例：

$$D/C > 3:1$$

（4）公园活动区域面积

——大型水体为核心的城市公园

泉州城市水体众多，以水体作为核心的公园更是泉州公园的主要特点之一。

对于大面积湖泊型城市公园，无法达到 $D/C > 3$ 的水体自净要求，因此结合城市滨水公园的活动要求参考，制定城市水体周边公园的活动区域尺度要求须满足（图 7.4-16）：

$$D > 18\text{m}$$

其中考虑：

$d1$——至少 3m 的亲水活动区；

$d2$——至少 2m 的滨水生态缓冲区；

$d3$——至少 5m 的步行游览交通道路；

$d4$——至少 8m 的城市生态缓冲区。

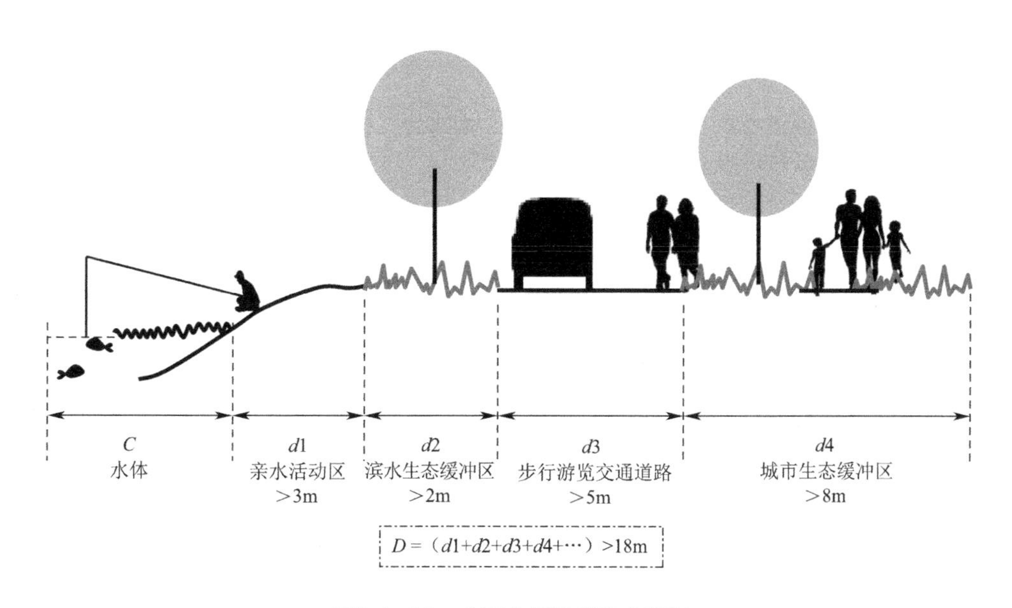

图7.4-16 公园参量尺度确定图示

7.4.4 公共建筑附属空间设计导则

当代公共建筑附属空间大多以广场或高绿地率类广场空间形式存在，具体的城市设计导则可结合实际情况，参照上述城市广场与公园的设计导则及控制要求。

7.4.5 城市文物古迹景观空间设计导则

城市文物古迹导则见表 7.4–5。

城市文物古迹导则　　表7.4–5

保护类型	主要载体	保护信息	保护措施
自然地理层面	山地地貌	山水格局中具有文化价值的河道、山体、山路、台阶等 典型代表：清源山	保留现有特色山地地形，不进行大规模平坡、开路历史性城市景观的背景环境纳入眺望景观控制之中
	亲水环境	与大型水体的关系，视线走廊，城市天际线 典型代表：晋江、东海	控制建筑体量和高度，从城市公共空间仍然可以远眺晋江、东海等自然水体； 滨水街区适合位置开口，取得公共空间的亲水路径
城市建设	传统街巷	典型代表；西街、中山路	修缮道路铺装，保持原有石材，控制周边建筑形态，营造传统性空间气质效果
	传统街巷周边的公共活动环境	宗教、旅游参观、杂货市场、小吃店、街边休息 典型代表：打锡街	部分重要节点进行环境整顿，新建筑延续原有空间氛围，沿用传统功能，围绕古迹建立各类旅游、文化、商业等相关设施，吸引人流，增加公共活动
建筑层面（物质文化）	文保性建筑	典型代表：开元寺、文庙、天后宫	拆除搭建，修缮传统公共空间界面
	文保建筑周边建筑群落	典型代表：开元寺、文庙、天后宫等历史建筑周边建筑群落	按照传统公共空间尺度感进行空间塑造
文化层面（非物质文化）	承载非物质文化空间	典型代表：宗教文化、闽南商业文化、泉州海洋文化	保护传统与特色空间功能，并加以推广，体现泉州市井文化和居民生活

7.4.6 城市地下空间控制设计导则

1. 地下空间与停车

地下公共空间是指地铁、地下街、地下公共车库等公众使用和活动的地下空间。

2010 年泉州全市地区生产总值达 3100 亿元，人均生产总值达 4500 美元，已具备大规模开发地下公共空间的基础。

2. 控制规划原则与方法

地下公共空间的开发量：

城市规模：从经济价值来看，大城市是中等城市的 1.5 倍，特大城市是中等城市的 3.3 倍。

城市气候：气候恶劣的城市建设地下公共空间的必要性较高，泉州阴雨天和夏日暴晒需要地下公共空间的进一步发展。

3. 地下公共空间人性化环境设计原则

满足生理需求的地下公共空间环境设计：自然光的引入，安全防灾设计，健康环境设计；

满足心理需要的地下公共空间环境设计：和谐的比例和尺度，空间的易识别性，参照微观部分公共空间研究；

满足精神需要的地下公共空间环境设计：公共空间色彩与光影、动力与活力、标志与家具等内容的追求和塑造，以及对城市文脉和地域特征的传承与体现。

文献引用：

根据日本和印度的统计：

人均国内生产总值在 200 ～ 300 美元，城市地下空间开发已成为经济发展的需要；

人均国内生产总值在 500 ～ 200 美元，城市地下空间大规模开发；

人均收入超过 2000 美元，地下空间的建设量趋于缓和；

地下公共空间与地铁建设量之间有明显的对应关系：以日本为例，全国每建设 1km 地铁，就相应建设约 2000m^2 地下街，同时增加约 60 个车位的地下车库。

7.4.7 城市建筑限高与空间比例导则

城市建筑限高与空间比例导则见表 7.4–6。

城市建筑限高与空间比例导则　　表7.4–6

界面类型	基地条件	高层建筑高度（m）	裙房高度（m）	高层建筑与裙房高度比例关系	备注	建筑退让间距 D（m）
道路界面	城市快速路（60～80m）	60～120	20～30	3：2～2：1	强调快速景观和临街界面的变化特征	$D \geqslant 20$
	城市主干道（40～60m）	40～120	10～20	3：1～4：1	兼顾快速景观与慢行交通对城市景观的要求，临街面变化的丰富性	$D \geqslant 10$
	城市次干道（20～40m）	30～60	10～15	3：1～4：1	强调人的感受性	$D \geqslant 20$
	城市支路（15～20m）	10～30	5～15	2：1	强调宜人的步行环境	$D \geqslant 5$
	城市步行路（0～15m）	0～10	0～6	3：2～2：1	推荐传统空间感受的空间尺度与比例	$D \geqslant 3$
滨水界面	海面	80～200	15～30	5：1～10：1	可设置地标性建筑群，城市形象的重要展示区	建筑控制线距河涌规划控制边线退让间距 $D \geqslant 3$
	大型湖泊	60～100	15～30	4：1～5：1	可设置地标性建筑群，城市形象的重要展示区	
	大型河流	60～100	15～20	3：1～5：1	可设置地标性建筑群，城市形象的重要展示区	
	中小型河流	40～80	3～15	2：1～4：1	强调舒适的自然空间与公共活动的结合	
	池塘	3～10	0～3	3：1～1：1	不建议建设高层建筑，强调舒适的休憩品质	

续表

界面类型	基地条件	高层建筑高度（m）	裙房高度（m）	高层建筑与裙房高度比例关系	备注	建筑退让间距 D（m）
滨山界面	大型生态型山体 $H>200$m	60～100	15～30	3：1～4：1	保证自然空间的天际效果	建议建筑与山体坡度进行自然结合，形成与自然融合的山地建筑形态，以保证山体公共空间的自然风貌特征
	中型200m$>H>$100m	40～80	10～20	2：1～3：1	保证自然空间的天际效果	
	小型100m$>H$	30～60	10～15	3：2～2：1	保证自然空间的天际效果	

参考文献

[1] 费孝通 . 乡土中国 [M]. 北京：人民出版社 ,2008.

[2] 刘滨谊 . 现代景观规划设计 [M]. 南京：东南大学出版社 ,2005.

[3] 曹春平 . 闽南传统建筑 [M]. 厦门：厦门大学出版社 ,2006.

[4] 蔡永洁 . 城市广场 [M]. 南京：东南大学出版社 ,2006.

[5] 尹海伟 . 城市开敞空间 [M]. 南京：东南大学出版社 ,2008.

[6] 缪朴 . 亚太城市的公共空间 [M]. 北京：中国建筑工业出版社 ,2007.

[7] 彭一刚 . 传统村镇聚落景观分析 [M]. 北京：中国建筑工业出版社 ,1992.

[8] [德] 罗易德（Loidl H.）. 开放空间设计 [M]. 北京：中国电力出版社 , 2007.

[9] [丹麦] 扬・盖尔 . 交往与空间 [M]. 北京：中国建筑工业出版社 ,2002.

[10] 克利夫・芒福汀 . 街道与广场 [M]. 北京：中国建筑工业出版社 ,2004.

[11] [美] 克莱尔・库珀・马库斯 , 卡罗琳・弗朗西斯 . 人性场所 [M]. 北京：中国建筑工业出版社 , 2001.

[12] 卡莫纳 . 城市设计的维度 [M]. 南京：江苏科学技术出版社 ,2005.

[13] [美] 阿尔温德・克里尚，尼克・贝克，西莫斯・扬纳斯，S・V・索科洛伊 . 气候建筑学——部适用于建筑节能设计手册 [M]. 北京：中国建筑工业出版社 ,2005.